U0160103

混凝土裂缝诊断与修补新技术

耿裕华　张建忠　李新颜　张启发　编著

中国建筑工业出版社

图书在版编目(CIP)数据

混凝土裂缝诊断与修补新技术 / 耿裕华等编著. ——
北京：中国建筑工业出版社，2020.12（2024.9重印）
ISBN 978-7-112-26384-4

Ⅰ. ①混… Ⅱ. ①耿… Ⅲ. ①混凝土结构－裂缝－控
制 Ⅳ. ①TU755.7

中国版本图书馆 CIP 数据核字（2021）第 143628 号

　　混凝土裂缝是一类要充分重视并应加以解决的建筑工程弊病，影响混凝土开裂的因素
多样，目前解决混凝土开裂的通用技术较为成熟，而面向对象的混凝土开裂解决措施及成
套工程应用技术有待进一步提高。该书内容包括混凝土裂缝处理新技术、裂缝现象分析及
抗裂技术、装配整体式剪力墙结构施工及裂缝综合控制技术、中国医药城工程质量创优及
裂缝综合控制技术应用，以及相关调查表等。
　　本书可以作为现场工程技术人员及管理人员使用的参考用书，也可以作为土木工程专
业专科生、本科生和研究生的学习用书。

责任编辑：李笑然
责任校对：李美娜

混凝土裂缝诊断与修补新技术
耿裕华　张建忠　李新颜　张启发　编著
*
中国建筑工业出版社出版、发行（北京海淀三里河路 9 号）
各地新华书店、建筑书店经销
北京红光制版公司制版
建工社（河北）印刷有限公司印刷
*
开本：787 毫米×1092 毫米　1/16　印张：10¾　字数：265 千字
2021 年 8 月第一版　　2024 年 9 月第三次印刷
定价：**40.00** 元
ISBN 978-7-112-26384-4
（36579）

前　言

建筑工程质量的改善和提高是工程建筑永恒的主题，创建精品质量工程是建筑企业的不断追求。随着技术的进步和"四新"技术的广泛应用，建筑工程质量问题和质量事故得到显著改善，但混凝土裂缝一直是一类要充分重视并加以解决的建筑工程弊病。影响混凝土开裂的因素主要呈现出多样性，目前解决混凝土开裂的通用技术较为成熟，但面向对象的混凝土开裂解决措施及成套工程应用技术仍需进一步提高，混凝土裂缝诊断与修补新技术具有特殊的意义和广泛的应用前景。

该书内容分为4章：第1章 混凝土裂缝处理新技术，包括速滑馆冰场混凝土承压层抗冻防裂关键施工技术、大面积抗裂异（弧）形混凝土框架结构屋面关键施工技术、超长基础底板后浇带抗裂封闭处理技术等；第2章 裂缝现象分析及抗裂技术，涉及裂缝分析、混凝土裂缝治理方法、基础裂缝及抗裂技术和墙体裂缝及抗裂技术；第3章 装配整体式剪力墙结构施工及裂缝综合控制技术，详细描述其施工工艺原理、施工工艺流程、现场准备工作、预制构件吊装及支撑工艺、预制墙体套筒灌浆工艺、预制构件安装工艺和施工质量验收及保证措施；第4章 中国医药城工程质量创优及裂缝综合控制技术应用，介绍了工程概况，明确了施工部署及总平面布置、项目管理组织机构、施工准备与资源配备、主要分部分项工程施工方案、质量保证体系及保证措施和季节性施工措施。该书内容详实完整，既具有深刻的理论价值，又具有实际的工程应用价值。

科技进步无止境，科技成果的取得离不开施工现场技术管理人员和专家团队的共同努力，本书成果的编撰完成凝结着每位技术人员的辛勤付出，同时也得到南通四建集团有限公司技术团队的大力支持，特别表示感谢。

鉴于编者水平有限，书中难免有不足之处，欢迎读者和同行、专家的批评、指点。

目　　录

第1章 混凝土裂缝处理新技术

1.1 速滑馆冰场混凝土承压层抗冻防裂关键施工技术

1.1.1 前言

速滑场馆冰道下方承压层施工质量控制要求较高，其抗裂、抗渗及抗冻融性能是主要的技术参数指标，非标准化的施工常导致速滑馆冰场混凝土道面发生冻融病害，因而采用先进的精细化的创新工艺是提升冰面下方承压层质量控制的首选。冰面下方承压层施工需在基层防水保护层施工结束后进行，在基层上敷设腹膜、安装制冷管、试压验收合格后，在制冷管上绑扎钢筋网片，同时考虑速滑大道一次性浇筑面积大的特点，需要合理设置施工缝，钢筋网片搭接处通过利用整平机整平，人工对标高、平整度进行检验控制，待混凝土强度达到要求后按照设计要求配置外加剂，进行喷洒、冷却、制冰和后期的维护等。其平整度等关键参数的指标可参考表1.1.1。

国际标准冰道质量控制的主要参数指标 表 1.1.1

序号	主要参数名称	允许偏差（mm）	检验方法
1	截面尺寸	+8，−5	尺量检查
2	表面平整度	8	2m靠尺和塞尺检查
3	承压层预埋板	10	尺量检查
4	承压层预埋螺栓	5	尺量检查
5	承压层预埋管	5	尺量检查
6	预埋件中心线位置	10	尺量检查
7	预留洞中心线位置	15	尺量检查
8	预留孔中心线位置	15	尺量检查

1.1.2 关键技术及创新

（1）在承压层与基层之间设置一层 PE 膜层，其主要用于所接触界面的防渗处理，解决基层的伸缩变形对承压层造成不利影响的质量问题。

（2）采取差别化施工段划分，在设置施工缝的前提下，实现连续化施工，解决冰面的完整性与一致性问题。

（3）结构层分区域设置钢筋网，结合 BIM 跟踪技术将 Φ8@100×100 焊接钢筋网片放置在制冷支管上部，大道宽方向放置两片，网片连接处交错插紧并采用钢丝绑紧固定，每隔 200mm 用钢丝将上层钢筋与下层钢筋或支架下筋绑紧。

（4）抗冻混凝土浇筑的相向推进技术，采取"由对角同时推进，一个坡度，逐层覆盖，循序推进，一次到顶"的方法进行布料及浇筑。

（5）抗冻混凝土的精细化抹光技术，进行至少三次不装圆盘的机械镘抹光作业，机械镘的运转速度和铁板角度的变化应视混凝土的地面硬化情况进行调整。

1.1.3 冰道承压层的施工工艺流程

施工准备→PE膜敷设→制冷管固定，支架放线安装→绑扎下层钢筋→安装制冷主管→铺设制冷支管→主管、支管热熔焊接→铺设上层钢筋网片→将上层网片与管道、下层钢筋绑紧→网片连接处加铺细钢筋麻片加强→大道钢筋网片两端插入"U"形钢筋弯头→清理承压层垃圾→设置伸缩缝→设置泵管路线→连接泵管→混凝土浇筑→激光摊铺机摊铺、振捣→混凝土找平→抹光机进行表面收光抹面→混凝土养护→混凝土成品保护。

1.1.4 施工过程控制要点

1. PE膜敷设技术

PE膜铺设须在基层防水保护层施工结束后进行，在承压层与基层之间设置一层PE膜，可防止基层的伸缩变形对承压层所造成的影响。

2. 固定支架安装与敷设技术

固定支架安装按照一般做法完成，采取措施确保安装位置正确，及时调整和固定。按图纸施工保持固定支架的间距。

3. 绑扎下层钢筋技术

每隔1m在外侧圈梁上标记出支架位置线，根据支架位置线放置管道支架，在支架垂直方向，将Φ12钢筋每隔200mm架在支架下筋上，在与支架平行方向，每隔200mm铺设Φ12钢筋，两个方向钢筋交叉处用钢丝绑扎牢固。在主管沟上方及周边300mm范围内的主管沟处加设加强筋，钢筋间距设为100mm。

4. 安装制冷管及连接技术

将一团支管放在预制好的转盘上，人工拉长铺设，按照支架的凹槽来铺设制冷支管走线，并预留一定长度的管道以备焊接。支管铺设完毕后，测量好管件插入深度，在管材熔接区域刮除氧化层，擦净焊接面。连接过程中测量好管材插入深度，将支管和主管接头处插入电熔连接管件，保证管材、管件同轴，扫码自动焊接、冷却，完成制冷主管支管焊接。

5. 铺设上层钢筋网技术

将Φ8@100×100焊接钢筋网片放置在制冷支管上部，大道宽方向放置两片，网片连接处交错插紧，避免因钢筋端重叠使钢筋翘起，网片连接处用钢丝绑紧固定，每隔200mm用钢丝将上层钢筋与下层钢筋或支架下筋绑紧。网片连接处加铺细钢筋丝麻片并绑扎牢固，在大道圈梁两端钢筋及支架边缘处，每隔200mm平行插入非标型钢筋弯头，承压层钢筋网连接及BIM技术跟踪如图1.1.1和图1.1.2所示。

用肥皂水喷在制冷管道连接处，打气压检查有无漏气现象，待检查确认无漏气现象后向制冷管中打水压。

6. 抗冻混凝土浇筑技术

抗冻混凝土的浇筑采取"由东南角向西北角两边同时推进，一个坡度逐层覆盖，循序推进，一次到顶"的方法进行布料。在放完第一车的润泵砂浆后，用小推车先将主管沟处浇筑2/3，并振捣充分，浇筑过程中分层浇筑，逐层覆盖，循序推进并连续浇筑。

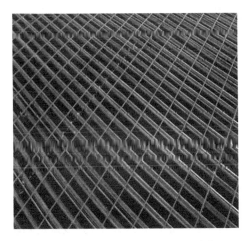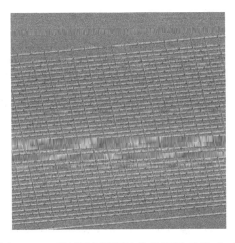

图1.1.1　承压层钢筋网连接的BIM建模（一）　图1.1.2　承压层钢筋网连接的BIM建模（二）

7. 激光摊铺机摊铺和振捣技术

采用激光整平机进行摊铺并辅以平板式振动器进行振捣；每一振动处振捣延续时间内使表面呈水平不再显著下沉，至表面泛灰浆为止。

8. 垫层混凝土找平技术

混凝土泵出混凝土后，摊铺工人采用带标识的钢筋杆并结合耙子将混凝土初平，初平后采用激光摊铺机进行标高找平。当混凝土经振捣并进行人工初步找平后，采用激光摊铺机进行精确找平，找平时注意人工及时配合，料不足或多余处及时处理。找平时由一个方向向另一个方向依次进行，找平不少于两遍，其找平过程如图1.1.3和图1.1.4所示。

图1.1.3　抗冻混凝土承压层首次找平　　　　图1.1.4　抗冻混凝土承压层二次找平

9. 抗冻混凝土表面处理技术

在浇筑2~3h后按标高初步用长刮尺刮平并经激光摊铺机精确找平后，采用机械抹光机进行表面收光抹面。抹面按次序依次进行，抹光时注意掌握抹光时间及抹光次数，直到表面达到设计要求为准。混凝土浇筑完成后经激光整平机精确找平并去除泌水待初凝时，即可在表面人工均匀撒布非金属型金刚砂骨料，撒布厚度不低于 3mm。金刚砂骨料需分两次均匀撒布，第二次撒布的方向和第一次撒布的方向垂直，每次撒完以后采用加装圆盘的机械镘进行作业，机械镘作业应纵横交错进行。在作业过程中，根据现场混凝土的硬化情况，进行至少 3 次不装圆盘的机械镘抹光作业，机械镘的运转速度和铁板角度的变化应视混凝土的地面硬化情况进行调整，抹光作业一直到地面表面加工完成。

10. 抗冻混凝土养护技术

在混凝土面层抹光终凝后，及时涂刷养护剂，用塑料薄膜覆盖混凝土表面，并在薄膜上方覆盖毛毯。在一定日期内控制混凝土表面温度与内部中心温度之间的差值，使混凝土具有较高的抵抗温度变形的能力。

11. 混凝土成品保护技术

混凝土浇筑完毕后，应立即采用警示标识进行围护，严禁在保养期间及强度未达到设计强度之前上人通行及转运材料。通过成品保护，为标准速滑跑道冰面的铺设与使用完成预处理。

1.1.5 特殊质量控制措施

抗冻混凝土浇筑过程应是连续的，不允许出现任何冷缝。抗冻混凝土中细石原材质量的控制（粒径 20mm 以内）、缓凝剂等外加剂掺量的控制、出场坍落度控制在 180～200mm 范围内。

抗冻混凝土浇筑时不能直接流在制冷管上，中间必须垫护模板，泵管连接前制冷管表面须放置模板，模板上面放置旧轮胎，泵头连接管控制在 2 节以内，头上连接橡胶软管。

抗冻混凝土从泵管打出落地后须在第一时间初次人工铺平（偏差＜±15mm），人工铺平后交与激光摊铺机平整，摊铺机铺完后用仪器检测，检测完高差后，上一名手法稳健的刮尺工须拿 3m 长刮尺再次平整以刮掉混凝土表面浮游物，最终平整度落差小于±5mm。抗冻混凝土每小时浇筑量约 26m³，摊铺机平整速度约 170～200m²/h，可保证大道速滑冰场在 24h 内浇筑完毕。摊铺机平整后及时测量标高，测量后采用 3m 刮尺人工再次平整。摊铺机作业不到的区域，采用人工镘刀平整收光。

抗冻混凝土表面水迹初干时立刻安排人员进行金刚砂撒布施工，上磨光机打磨。使用单盘磨光机提浆三遍，时间间隔根据现场情况控制，边角收光采用人工磨平收光。提浆结束后采用单盘或双盘磨光机抛光，抛光两次即可，最后表面须光滑、平整。

1.1.6 结论

新疆冬季运动管理中心速滑馆国际标准冰道顺利完工并已投入使用，通过采用以上技术确保冰面平整度误差在 1mm 以内，预埋板、预留孔中心线等指标在 2.5mm 以内，混凝土垫层抗裂、抗渗、抗冻和抗劈拉性能好，冰面坚硬、无划痕、无气泡、耐久维持性能好，其质量标准水平高于国际标准。本节首创的 PE 膜特殊设置技术、差别化施工分段与相向推进技术、基于 BIM 技术的钢筋网与预埋管设置技术、抗冻混凝土一次浇筑与精细化磨光技术等可满足国内冰场施工的技术要求，并且充分解决承压层冻融环境下的开裂问题，可成为制定中国相关标准的重要依据。

1.2　大面积抗裂异(弧)形混凝土框架结构屋面关键施工技术

1.2.1　工程概况

中国医药城美时医疗二期生产研发基地核心部件厂房项目,屋面为异形混凝土结构,针对此情况,需对异形混凝土结构屋面及抗裂质量要求进行曲线放样、原材下料、支撑架搭设、钢筋模板制作及安装、混凝土浇筑等各方面施工技术进行研究,以使异形混凝土结构满足无开裂质量合格、弧度圆滑平顺的要求,体现建筑物曲线亮点,其异(弧)形混凝土结构图如图 1.2.1 和图 1.2.2 所示。

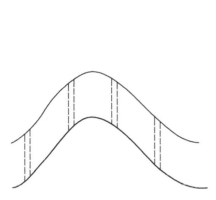

图 1.2.1　异(弧)形混凝土梁结构

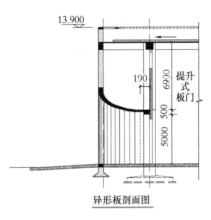

图 1.2.2　异(弧)形混凝土板结构

1.2.2　施工前准备

根据百格网上的圆弧起点及顶点的位置进行模板及钢筋的配料,同时做好异形水平构件支撑架水平横杆垂直高度上位置的排布。模板配料时为保证弧度平顺过渡,应提前用 CAD 进行翻样,并在整块模板的中部开 3mm 深的浅缝保证模板能够弯曲成足够的弧度。钢筋翻样下料时,梁钢筋的直螺纹套筒应避开弧形段,以保证梁钢筋能够弯曲成优美的弧度,同时也减少了钢筋弯曲对套筒处受力的影响,异(弧)形混凝土结构下方支撑架的加固应在脚手架专项施工方案的基础上提高搭设要求。

1.2.3　施工工艺流程

CAD 放样→支撑架搭设→钢筋及模板配料→梁底模安装→梁钢筋绑扎→梁侧模安装→板底模安装→板筋绑扎→支撑架加固→混凝土浇筑→模板拆除→成品保护。

1.2.4　技术实施要点

1. CAD 放样

利用 CAD 软件先进的技术优势将异形混凝土结构弧度尺寸按照设计图纸标识的尺寸绘制在百格网上,并在百格网上标出弧度的起点、最高点的位置,作为模板及钢筋配料的依据。该百格网最小方格间距为 100mm×100mm,如图 1.2.3 和图 1.2.4 所示。

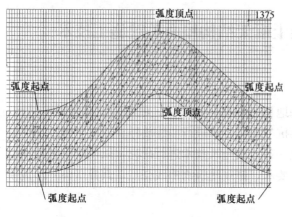

图 1.2.3　异形梁百格网位置图

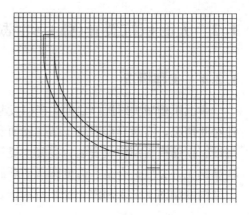

图 1.2.4　弧形板百格网位置图

2. 支撑架搭设及加固

（1）异形梁支撑架搭设及加固方法

异（弧）形梁模板采用 φ4.8×2.8 钢管并严格按照支撑架施工方案进行搭设。针对异（弧）形混凝土结构的弧度，按照百格网上的弧度尺寸参数，测出梁板下方支撑小横杆的标高，并按照此标高进行设置。小横杆设置完毕后，在小横杆和立杆连接处必须采用弧形拉杆通长拉通。该弧形拉杆在加工厂加工成型后再运至现场进行使用。起拱处下方为架体安全的薄弱环节，须满设剪刀斜撑。异形梁下剪刀斜撑与下方支撑架剪刀撑在节点处相连接，以形成整体。因异形梁高宽比较小，若整跨设置一道剪刀斜撑，则角度小于 45°，起不到很好的加固作用，故在整跨水平方向上连续设置三道剪刀撑，以满足角度要求，如图1.2.5 所示。

（2）弧形板支撑架搭设及加固方法

异（弧）形板支撑架起坡点以下采用 φ4.8×2.8 钢管搭设支撑架，起坡点以上部位按照百格网弧形板尺寸采用 φ16 螺纹钢焊接成钢筋支撑骨架，该钢筋支撑骨架放置在钢管支撑架上，用 16 号扎丝扎牢并与钢管满焊牢固，其异形梁下支撑架加固大样图如图 1.2.6 所示，

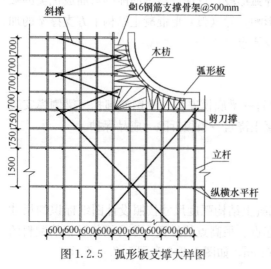

图 1.2.5　弧形板支撑大样图

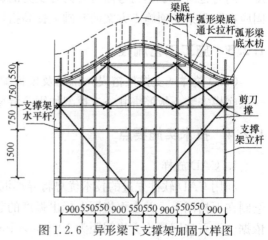

图 1.2.6　异形梁下支撑架加固大样图

钢筋支撑骨架焊接完毕 72h 后方可承受荷载，钢筋支撑骨架如图 1.2.7 和图 1.2.8 所示。

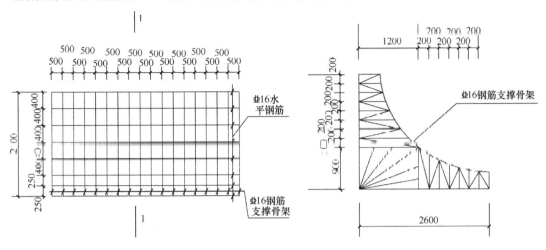

图 1.2.7　弧形板钢筋支撑架立面图　　　图 1.2.8　弧形板钢筋支架剖面图

（3）弧形梁支撑架搭设及加固方法

弧形梁因梁底水平，其梁底支撑架搭设及加固可按照普通梁的加固方式，其侧面呈圆弧形，若采用弧形钢管作为梁侧背楞，材料成本特别高，故现场拟采用 Φ16 螺纹钢筋经弯曲加工后作为梁侧背楞。采用钢筋作为弧形梁侧背楞，速度快、耗时少、易加工、弯曲后成型比钢管好，且钢筋可回收利用于其余施工段弧形梁主筋。

3. 模板制作及安装技术

模板配料前在地面上绘制出百格网，按照百格网上的弧度曲线进行配料。对于梁截面为矩形的梁，配料完成后进行试组装。试组装后，将组装后的模板放置在地面百格网弧度曲线上进行对比，若有弧度不重合处，则据此调整，直至全部调整完毕后，再吊装进行安装。

对于梁截面为非矩形四边形的异形梁，配料依此方法进行，但是考虑到模板材料本身的平直性和异形梁弧度的变化，梁底模配料难以通过百格网定出具体尺寸，则采用现场配料的方法，按照图纸设计标高将梁底两个阳角的标高测出，并据此搭设好梁底小横楞，根据异形梁的梁边线进行底膜铺设，发现与梁边线不重合的地方进行调整，调整的方法采用铺宽模板再一次切边，超出梁边线的模板进行裁切，如图 1.2.9 所示。

对于弧形板，因板筋 Φ8 钢筋较细，可在弧形板模板铺设完毕后，由工人直接在模板上面随模板弧度进行铺设。弧形梁的梁侧模按照常规梁侧模进行下料。弧形梁底模则按照百格网上的大样，在加工场按照每 500mm 的长度配一块底模，以保证配好的底模拼装后弧度曲线平滑、自然。对于弧度变化较大处，因木模板本身的强度和刚性，难以弯曲成要求的弧

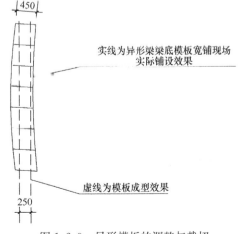

图 1.2.9　异形模板的调整与裁切

形，可采用缩短梁底模配模长度（如按照每 100mm、200mm、300mm 等长度配一块底模）、梁底模开 3mm 深度浅缝等方法，尽量减少木模板材料本身的缺点对异形结构弧度曲线的不利影响。

4. 钢筋的配料及安装技术

钢筋在下料前，应在地面上先绘制出百格网，并按照设计图纸的尺寸在百格网上绘出钢筋的弧度，并据此参数下料。异形弧度区域的梁箍筋配料时，应按照梁底至梁顶的竖向有效高度进行配料，实际箍筋高度应大于梁截面高度。异形弧度区域的梁箍筋应竖向绑扎，不得垂直于梁腹中间线绑扎，且应全部满绑，不得跳扎。

对于异形四边形截面梁，应待木工将梁底模和一侧梁侧模支设好之后，再根据支设好的梁底模和梁侧模在现场进行测量，根据测得的数据再进行现场配料。异形区域内钢筋主筋应先每隔 1m 绑扎一道箍筋进行固定，使之初步形成钢筋骨架，再对整个异形梁两端进行观察，发现有梁底主筋与梁底模的间距过大、过小或者其他整体不协调之处，应拆除固定箍筋，将弧度有问题的主筋重新进行弯曲加工，直至其弧度与异形梁底模弧度完美吻合（图 1.2.10）。此外，

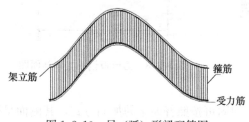

图 1.2.10　异（弧）形梁配筋图

拱形梁上直螺纹套筒应避开弧度区域，这样不仅便于钢筋加工和安装，还能大大减少对钢筋受力的不利影响。钢筋安装时，应将异形弧度区域的钢筋先绑扎完毕，再与其余区域的钢筋进行套筒连接，以方便套筒的拧紧和施工的方便。弧形梁的钢筋应根据百格网放好的大样进行弯曲成型。弧形梁直螺纹套筒尽量在跨中设置，避免在弧度变化较大的梁柱节点处设置，以便于钢筋套筒上丝。

5. 混凝土浇筑及拆模技术

异（弧）形梁混凝土分层浇筑，不得一次浇筑到顶。浇筑时，派专人进行模板及钢筋看护，重点是对异（弧）形梁下方的支撑架安全性进行监测。施工时发现异（弧）形梁下方的模板变形、螺杆松动、支撑架扣件滑移断裂等情况，应立即停止浇筑，并立即安排专人进行调整和加固。模板拆除前，异（弧）形混凝土强度应达到100%。拆除时安排专人进行看护，不得硬拆硬撬，防止损坏构件棱角从而影响弧度的优美性。

1.2.5　结论

对中国医药城美时医疗二期生产研发基地核心部件厂房项目的大面积异（弧）形屋面进行了研究，重点论述其全套施工工艺流程及系列技术要求，深化对施工过程的质量和安全控制，特别是对混凝土开裂问题的认识与控制，获得了良好的工程价值，有力支撑了理论研究的成果，解决了在大面积异（弧）形钢筋混凝土屋面施工方面的客观需求。

1.3　超长基础底板后浇带抗裂封闭处理技术

1.3.1　前言

传统底板后浇带封闭方法：待后浇带两侧主体结构达到设计要求后统一封闭，其结果是由于基坑降水在地下室基础底板施工完成后即停止，造成后浇带内存在大量积水，一旦后浇带封闭，地下承压水在底板后浇带混凝土初凝前不断对混凝土形成水压力，很容易通过薄弱子细孔将底板带穿从而造成后浇带渗漏，该将对基础底板质量产生渗漏隐患，为此，本节提出利用底板后浇带预留导流孔，待后浇带浇筑完成后封闭导流孔的方式来解决上述隐患，并成功应用于突玛丽斯工程项目，最终获得良好的工程效益。

1.3.2　技术原理及创新

该后浇带抗裂封闭新技术是在后浇带垫层下设置盲沟，后浇带部位每隔 20m 设置金属水管井伸入盲沟，后浇筑垫层、做防水及保护层。地下承压水通过后浇带盲沟进入金属水管井，水管井口部侧壁预留 φ48×2.8 钢管通向就近集水坑，统一将地下室积水集中抽走。待后浇带完全封闭且达到设计强度后集中封堵水管井，并在水管井上口用钢板焊接封闭，确保无渗漏，其技术优势主要体现在以下方面：

（1）通过设置盲沟使地下承压水压力能充分释放，避免水压力不断冲刷基础底板后浇带初凝前混凝土。

（2）通过导管将地下室积水有规则地排入集水坑并及时抽掉，避免地下室积水。

（3）有效地控制了基础底板后浇带的渗漏。

1.3.3　施工工艺流程顺序

施工前准备 → 绑扎基础底板钢筋 → 后浇带部位设置 200mm 碎石盲沟 → 设置金属水管井 → 浇筑干硬性混凝土垫层 → 防水施工 → 防水保护层施工 → 绑扎基础底板钢筋 → 在基础底板内设置导流管并连接金属水管井伸入就近集水坑 → 浇筑基础底板混凝土 → 后浇带两侧主体达到设计要求后封闭后浇带 → 封闭水管井洞口 → 封闭水管井管口 → 检验与验收。

1.3.4　技术实施与控制

在基础底板后浇带下面设置与后浇带同宽、200mm 厚的碎石盲沟层，该盲沟要伸出外墙底板至少 500mm，确保地下室外围水能通过盲沟导入集水坑，减少地下室外墙后浇带外围积水。根据后浇带形式每隔 20m 设置一根 φ110×5 水管井，下口伸入碎石盲沟 100mm，上口高于底板结构面层 50mm，并在底板面以下 100 部位水管井侧壁开直径 50mm 的圆孔，预埋水管井时该圆孔要对准就近集水坑。同时水管井外围设置 50mm 宽、5mm 厚的止水环。后浇带部位在碎石盲沟上浇筑与设计标号相同的干硬性混凝土，避免盲沟堵塞，按设计要求施工防水层及防水保护层。绑扎完基础底板钢筋后采用 φ48×2.8 镀锌钢管与水管井预留孔焊接连接，并与集水坑联通后浇筑两侧基础混凝土。

地下承压水通过盲沟将水压入水管井，根据连通器原理，室外雨水也将通过盲沟导入集水坑，同时在集水坑内设置球阀及自动泵，一旦水位达到一定高度后能及时抽排。后浇带封闭前，将后浇带内杂物清理干净，并将混凝土两侧凿毛至新混凝土，在混凝土浇筑前，先在两侧刷与混凝土标号相同的混凝土浆做接浆处理。

一般在封闭地下室后浇带时已经停止基坑降水，后浇带浇筑过程中，地下压力水势必会对混凝土不断冲刷，混凝土在初凝前地下压力水很容易通过薄弱毛细孔，造成渗漏。故通过设置盲沟使地下压力水能充分释放到盲沟内，并通过水管井侧壁导流管有规则地排入集水坑，对后浇带底板不形成压力，能确保后浇带混凝土浇筑质量。

按设计与规范要求养护后浇带，待后浇带混凝土达到设计强度后，采用专门堵漏纤维对预留水管井进行封闭处理。管口采用直径与壁厚均同管井的钢板封闭焊接管口，确保无渗漏。

1.3.5 结论

本节详细论述了利用底板后浇带预留导流孔，待后浇带浇筑完成后封闭导流孔的封闭后浇带的方法，并详细归纳技术创新特点、全过程的施工工艺流程、施工操作要点等内容，很好地解决了后浇带封闭过程中的开裂渗漏问题。

1.4 开裂混凝土柱改造格构柱加固与连接关键施工技术

1.4.1 前言

开裂混凝土加层格构柱加固连接施工技术适用于毗邻建筑物多、周围施工场地狭窄的旧楼加层、加固、扩建等改造工程。结构加固将原有的开裂钢筋混凝土柱改成格构柱，不用拆卸旧楼，节省投资，工期快。施工无须增加特殊设备，空间利用方便，工艺可操作性强，经济效益好，对城市环境的污染少，易于推广。该施工技术相比拆旧楼重建有着明显的优势，符合城市建设科学发展、环保低碳的要求，最重要的是解决了混凝土开裂所导致的承载力问题和安全隐患。

1.4.2 原理及特点

在建筑物加层改造过程中，根据设计图纸柱截面的尺寸要求，采用针对开裂钢筋混凝土柱外包格构柱的加固施工技术，加大柱的承载力，并将格构柱接头与新增楼层结构连接，达到加层扩建的目的，其具有以下特点：(1) 结构加固是将原建筑物开裂钢筋混凝土柱外包格构柱，格构柱由原基础承台面起，柱角加角钢，柱体焊钢箍，柱面包钢网，达到增加钢筋混凝土柱承载力的目的；(2) 适用于毗邻建筑物多，且周围施工场地狭窄的旧楼加层、加固、扩建等改造工程；(3) 无须增加特殊设备，工艺可操作性强，经济实用，易于推广。

1.4.3 施工工艺流程

施工前准备→挖掘土方至原结构柱的承台面→按格构柱的截面定位放线→将承台面、结构柱面打凿成麻面→在柱角钻孔放置膨胀螺栓固定、在柱角定位紧贴机构柱→打凿结构柱表面的混凝土并对开裂部位进行精细化处理→格构柱角使用角钢、扁钢为柱箍且焊接牢固→逐层按照设计定位格构柱截面安装模板，并浇筑混凝土→角钢直上屋面层，并与新增楼层之间结构柱筋连接→后续分项工程施工。

1.4.4　技术要点及实施

上方开挖，柱面打凿和定位放线，首先按照设计确定的柱截面，将结构柱的土方挖至承台面，面层打凿露出钢筋和起毛以利于新混凝土的连接（包括以上每层的柱身），然后进行定位放线。首层新增格构柱施工中，在承台面截面钻孔，放置膨胀螺柱，水平角钢定出柱的位置。在原柱四角垂直放置角钢，四周用扁钢按设计要求水平放置并与四角角钢满焊连接，面层用钢网四周连接，如图1.4.1所示。

打凿横向混凝土，格构柱穿越楼面。将原建筑格构柱顶四周楼面混凝土打凿，露出下层柱位，注意不能损伤原结构梁截面。下层柱四角角钢以不同截面接驳的形式伸出上层楼面，柱四角仍然以角钢箍定出柱截面位置。

模板安装，浇筑混凝土。每层所有格构柱按照设计的新增截面安装柱模，柱底部及中部留置"生口"，最后在柱的中部"生口"和上层楼面露空位置浇筑下层柱混凝土，使用细振荡棒捣实。

屋面层与新增层钢筋连接。原建筑物按以上的技术逐层向上施工，到顶层后，角钢延伸上原屋面，新增加的第一层柱四角仍继续使用角钢箍放置在四角，与柱垂直钢筋及加密区箍筋满焊连接，而扁钢可以减少，面层钢网不再用于新增层的柱四边。

新增楼层柱钢筋绑扎。先按加层结构柱截面的配筋，制作U形筋（设置在下层的柱截面）与截面垂直筋焊接，同时与下层伸上来的角钢及角钢箍焊接牢固。柱箍筋按柱的设计要求分布，并按规范的要求绑扎。为加强柱端的稳固，再用300mm高的U形筋（规格与柱中筋相同）与中筋焊接。为方便柱箍筋加密区域绑扎，焊接两道扁钢－60×6成十字形，与柱筋、角钢焊接连接牢固，如图1.4.2所示。

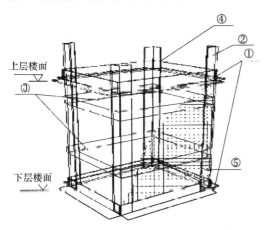

图1.4.1　原柱四角角钢、四周扁钢、
面层钢网连接

说明：①为L80×8角钢，放置在各层楼面，与②角钢焊接成箍；②为L80×8角钢，紧贴原结构柱的四角，与①角钢焊接；③为－60×6扁钢，与②角钢焊接成箍；④为原有钢筋混凝土柱，表面打凿起毛；⑤为钢网，包裹在柱钢箍外。

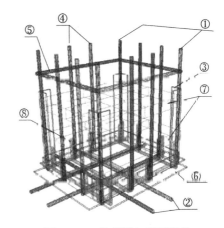

图1.4.2　柱箍筋加密区绑扎

说明：1.①为加层柱钢筋，按设计要求放置于四角，与③角钢焊接。2.②为原楼面梁钢筋，打凿混凝土露出。3.③为L80×8角钢，从原结构柱四角伸出原屋面，与①钢筋焊接。4.④为加层柱中钢筋，按设计要求布置于柱内。5.⑤为柱筋，间距按设计要求。6.⑥为L80×8角钢，放置在原屋面，与③角钢焊接成箍。7.⑦为扁钢－60×6，与②角钢焊接成箍。8.⑧为U形钢筋，高300mm，与加层柱垂直钢筋焊接。

1.4.5　质量控制措施

施工前认真审阅设计图纸并做好工程技术交底，使管理人员和班组工人熟悉施工方案；要严格材料、半成品构件的验收工作，执行材料进场验收制度，并做好材料的存放和保管；按图施工，做好定点放线和复核工作，严格进行各分项工程的验收，对不符合施工质量要求的进行返工整改，重新检查合格后才进入下一道工序；打凿原有建筑物柱的混凝土时，要严格控制打凿深度；焊接是质量的控制点，若出现焊接不合格，必须返工至合格，并办理隐蔽验收手续，方可隐蔽施工；柱模板安装前必须将基层清理干净；浇筑混凝土前，先用混凝土的水泥砂浆浇在原混凝土面上，再浇筑混凝土，并留取混凝土试件；浇筑混凝土时，要振捣密实，并敲击模板保证混凝土表面的质量。

1.4.6　结论

提出针对开裂混凝土柱进行格构柱的改造与加固工艺。详细论述了格构柱由原基础承台面起，柱角加角钢，柱体焊钢箍，柱面包钢网等达到增加钢筋混凝土柱承载力的全过程控制要点，可确保该工艺的先进性与可靠性。

1.5　置换开裂剪力墙混凝土关键施工技术

1.5.1　前言

剪力墙结构中的混凝土因开裂无法达到设计强度是较为常见且很难获得较理想处理效果的问题，考虑剪力墙结构中荷载传递路径的复杂性，需对全面实施置换混凝土结构的支撑体系及浇筑混凝土的顺序和质量控制提出更高要求。为保证全面置换混凝土过程中支撑体系的开发性设计和浇筑混凝土质量控制的实施，避免出现支撑体系屈曲失稳和置换混凝土的质量问题，本节提出全面置换开裂混凝土的防失稳钢桁架支撑体系及植筋精细化处理方法，可有效解决开裂混凝土质量问题并满足提高承载力的要求。

1.5.2　技术特点及创新

（1）全面诊断混凝土结构开裂问题并进行全方位评估，为后续的全面置换提供依据。

（2）采用可拆卸的单元化支撑与接触点可调防失稳钢桁架体系，该支撑体系由托换体系、夹墙钢梁、水平梁、主副支撑和稳压杆及手动自锁式千斤顶动力装置组成，具有强度高、防倒塌、可拆卸、占地空间小、安装简单和机动性强的技术特点。

（3）新置换混凝土结构中植筋的精细化施工技术，要求根据被植钢筋的直径、数量和长度划定位线，用冲击钻钻成植筋孔，用硬毛刷或硬质尼龙刷清刷孔壁，并用压缩空气将孔内灰尘吹出，植筋孔壁比钢筋直径大 4～6mm，把植筋胶注入植筋孔内，注胶量为孔深的 2/3，并以插入钢筋后有少许溢出为最佳控制点，可保证置换结构的强度。

（4）针对剪力墙结构拆除的要求，采用室内静力爆破拆除与用小锤轻击并分块拆除相结合的技术，在保证高效拆除的前提下，具有良好的噪声与扬尘控制效果，完全满足加固工程绿色施工的要求。

（5）针对暗柱与剪力墙体结构受力机理及施工难度的不同特点，采用更加强化的特殊处理技术，柱的支撑体系在安装过程中要求穿柱的 H 型钢都要穿一条且封闭一个孔洞，在暗柱上开孔洞需满足不得损坏原结构钢筋的强制性要求。

1.5.3　施工工艺流程

剪力墙结构中全面置换开裂混凝土的主要施工工艺流程如图 1.5.1 所示。

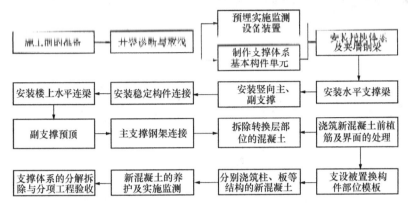

图 1.5.1　置换开裂剪力墙混凝土的施工工艺流程

1.5.4　施工技术要点

1. 施工前的准备

在施工前按要求完成技术图纸及现场条件的各项准备，包括所需要的资源的准备。要对照施工图纸按照轴线错开的原则进行精确放线并复线，有效控制误差以保证后续工作的准确实施。

2. 监测装置预埋与裂缝诊断

实时监测的预埋装置选用电子位移计、电子应变仪、钢筋探测仪、裂缝观测仪、回弹仪等形成监测系统。在每一个需置换的构件上安装两个探头，利用电子位移计监控被置换构件的纵向与横向的动向以防止失控。每个构件安装一个或两个电子应变仪监测混凝土应变以强化对混凝土内部变化的控制。安装并利用钢筋探测仪对开孔部位进行全面探测并对钢筋位置进行精确标注，为置换混凝土精确定位开孔提供依据。利用裂缝观测仪实测裂缝宽度，实时检测原裂缝的变化和置换工程中对其他构件的影响是否在可控范围内。

3. 支撑体系的精细化制作

对于置换混凝土支撑体系结构，应结合安装工况进行深化设计，严格按照制作图纸精细化的参数进行切割下料，充分利用余料和最大限度地节约原材料。考虑装配与可拆卸要求进行支撑体系构件的组焊和焊后检查，在制作过程中，结合现场条件进行防局部屈曲失稳处理及防倒塌连接装置的安装。在支撑体系制作过程中应考虑现场安装加载千斤顶的因素。

4. 安装托换体系及夹墙钢梁

安装托换体系工作前预先安装水平方向上的夹墙钢梁。夹墙钢梁安装前需采用钢筋探测仪对剪力墙上安装夹墙钢梁的部位进行钢筋探测，在确认穿墙对拉杆部位无钢筋时方可进行被置换混凝土的钻孔作业。安装夹墙钢梁时需考虑墙体表面的平整度以保证钢梁与墙体紧密接触，避免存在接触缝隙，其中托换体系如图1.5.2所示，加固安装所用的夹墙钢梁如图1.5.3所示。

图1.5.2　支撑体系中的托换体系

图1.5.3　支撑加固所用的夹墙钢梁

5. 安装水平梁

安装水平梁时对混凝土结构的开洞应避开暗梁，首次开孔按照1600mm间距布置来实施，再进行二次开孔，最终使孔洞之间的间距控制在800mm左右。安装水平梁开洞时，要求每开一孔支撑一次，以最大限度减小需置换部位的荷载。安装水平横梁时要保证横梁的水平精度，以实现横梁与夹墙钢梁和剪力墙之间的粘贴接触紧密。

6. 安装竖向主副支撑

安装竖向主副支撑时必须保证主副支撑的垂直，而支撑钢管的上下两端必须保持水平。支撑钢管的两端焊接一块10mm厚的钢板，主支撑在不影响置换的情况下宜尽量靠近墙体，其安装过程及安装后的效果如图1.5.4和图1.5.5所示。

图1.5.4　主副支撑安装过程

图1.5.5　主副支撑安装后的效果

7. 稳压杆的连接

稳压杆件的连接要求有水平连接并保证其刚度，剪力墙按伸几个支撑点之间形成一个整体，为防止支撑体系失稳，可采用 50mm×5mm 的角钢作为连接构件。

8. 水平梁的安装

考虑结构板的质量而导致的墙体失稳，需在剪力墙上设置水平连梁。水平连梁可采用 φ180 的钢管，在钢管的两端各焊接一块 200mm×400mm×10mm 的钢板，钢管长度等于两个墙体之间的净空，钢管两端由钢板用螺栓杆对拉固定在墙体两侧，钢管之间的距离宜为 1500mm。

9. 副支撑的预顶

在支撑预顶前检查水平横梁的水平状态及支撑钢管的垂直度和千斤顶的状态、所对应压力表的读数，一切准备完成后方可开始预顶。若采用手动自锁式千斤顶，在加压时每一水平横梁两侧的副支撑上都需设置千斤顶，并由两人同时操作加压，达到设计值后再将千斤顶回油至计算荷载的 80%，把主支撑顶端用钢楔夹紧形成应力支撑后将千斤顶回油拆除。在所有支撑全部施工完毕后将拆下的千斤顶集中放置以准备应急使用，同时所有千斤顶数据必须形成记录。

10. 拆除被置换开裂混凝土

在转换体系全部完成后，对剪力墙钻解除应力孔，应力孔垂直向下排列，孔距控制在 20mm 左右，转换位置是每隔 1m 拆除 500mm 的剪力墙混凝土。结合墙体自身特点采用室内静力爆破拆除，前期的孔距为 100～200mm，后期则根据现场的情况来确定。剪力墙上钻孔施工前对钻孔点进行钢筋探测并进行标识，在静力爆破拆除后用小锤轻击并分块拆除，其中拆除前工况如图 1.5.6 所示，而拆除后工况如图 1.5.7 所示。

图 1.5.6　旧开裂混凝土拆除前工况　　　　　图 1.5.7　旧开裂混凝土拆除后工况

11. 拆除后、浇筑前对基体及界面的处理

对转换部位混凝土拆除后的受损钢筋进行调整与修复，将钢筋表面粘结的混凝土清理干净。采用人工锤凿的方式打凿新旧混凝土连接面和旧混凝土饰面层，打毛旧混凝土厚度约 10～20mm 并除去旧混凝土表皮。根据被植钢筋的直径、数量和长度划定位线，用冲击钻钻成植筋孔，用硬毛刷或硬质尼龙刷清刷孔壁，并用压缩空气将孔内灰尘吹出，植筋

孔壁比钢筋直径大 4~6mm。采用植筋胶注入植筋孔内，注胶量为孔深的 2/3，并以插入钢筋后有少许溢出为宜。将需植钢筋的插入部分用钢丝刷刷干净，然后慢慢旋转插入孔内，保持静止直到植筋胶固化为止。插入钢筋位置校准后应有专人保护，防止碰撞钢筋以影响植筋拉力效果。将水泥和水按 1∶2 的水灰比混合搅拌均匀，涂布 1~2 遍进行界面处理。

12. 新混凝土的钢筋绑扎、支模和浇筑

施工所用的模板采用夹板、木枋和钢管，支顶采用钢支撑和木支顶相结合的方式，按照常规支撑施工方法进行。模板支撑要有足够的强度、刚度和稳定性，为防止浇筑时模板膨胀影响墙体平整度，水平面上采用木枋，竖向面上采用钢管和 M12 紧固螺杆以加强。钢筋绑扎采用 22 号镀锌铁丝按八字形绑扎，接头形式采用绑扎或焊接，并对旧混凝土浇水以确保水在旧混凝土中达到饱和。置换新混凝土依旧是商品混凝土，较原强度提升一级并加入适量的膨胀剂，从浇筑孔中进行浇注，浇筑混凝土为机械振捣，一次连续浇筑不留施工缝。

13. 养护实时监测与支撑体系拆除

浇筑完的混凝土进行淋水养护 7 天，同时进行实时监测和温湿度动态控制以防止出现开裂等质量问题，对支撑体系进行单元化解体拆除，并且拆去安全防护措施以避免物体打击和机械伤害。

1.5.5 结论

全面论述置换开裂剪力墙的成套技术，包括裂缝的诊断、支撑体系的制作与安装、拆除被置换开裂旧混凝土以及建筑新混凝土等关键要点，解决了严重开裂所导致的承载力下降的问题，绿色环保特点突出，可广泛推广使用。

1.6 合肥万科城市之光工程地下连续墙防裂防水关键施工技术

1.6.1 工程概况

合肥万科城市之光工程项目位于合肥市四里河路与庐山路交汇处，其中 2 号地下室，地下 3 层，地上局部 5 层，周长约 400m，基坑深度 −15m~−17m；基坑采用地下连续墙（两墙合一）＋内衬墙，地连墙与内衬墙间留置 250mm 宽排水沟。800mm 厚地下连续墙作为地下室永久结构外墙。地下室防水为 Ⅱ 级，采用刚性防水（地下连续墙）＋水泥基渗透结晶性防水涂料＋聚合物水泥防水砂浆，其细部构造如图 1.6.1 所示。

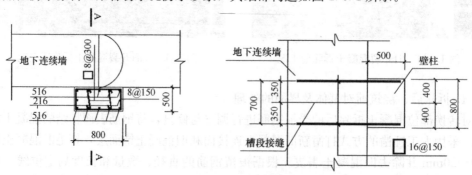

图 1.6.1 地下连续墙防裂防水细部构造

1.6.2 地下连续墙防裂防水做法

1. 基坑开挖过程防裂防水

随着基坑开挖的不断深入，地墙的渗漏情况也逐渐暴露了出来，为保证基坑正常的分层开挖，每一层土方开挖时，都安排专人对地墙的渗漏情况进行跟踪检查，及时发现，及时对渗漏点的实际情况，采取相应的对策，进行及时封堵。基坑开挖过程中，当发现地墙有轻微渗水、少量滴漏时，先找到漏水点，对漏水点采用注浆的方法进行处理；当地墙出现线漏或漏水明显时，则先用软管插入渗漏的接缝中引流，然后用快凝水泥或水不漏等封堵材料进行封堵，再在引流管中注入聚氨酯。

2. 连续墙施工过程防裂防水

在地墙内侧交接处设置了扶壁柱，通过地墙施工时预埋的抗剪钢筋，使扶壁柱与地墙可靠连接。扶壁柱的设置，除增加了地墙的刚度外，同时也对防止地墙接缝渗漏提供了有力的保障。具体做法为：(1) 检查地墙接缝的渗漏情况，对出现的渗漏点进行封堵（处理方法和基坑开挖时地墙渗漏时的处理方法基本相同）；(2) 扶壁柱施工时以地墙的接头为中心线，将两边各 500mm 范围内的地墙进行凿毛处理，同时将地墙施工时预埋的钢筋调正，使其与地墙成 90°；(3) 扶壁柱的混凝土浇筑与地下结构同时进行，浇筑时认真振捣，做到外光内实；(4) 与地墙密贴的其他构件的施工必须同样进行凿毛处理、堵漏等工序，确认无渗漏点后方可进行结构混凝土浇筑。

1.6.3 施工工艺流程及具体做法

1. 施工工艺流程

施工前准备→地墙渗漏情况调查→基层处理→墙面渗漏点封堵→水泥基渗漏结晶防水层施工→聚合物防水砂浆施工→养护→竣工验收。

2. 漏点调查技术要点

在地下室结构施工完成后，内衬墙墙体砌筑前，根据现场施工、气候、季节情况等，分别对地墙渗漏情况展开调查，同时做好记录，绘制出渗漏情况展开图。

3. 基层处理技术要点

防水层施工前应将地墙注浆时流淌的浆液及松动的杂物进行清理，表面的浮土要用水认真冲洗干净，墙面凹凸不平过大的地方先用铁钎进行清理。对蜂窝及疏松结构均应凿除，并用水冲掉，露出混凝土基层面，并在潮湿的基层上涂刷一层水泥基渗透结晶型防水涂料涂层，随后用防水砂浆填补并捣实。

4. 墙面渗漏点封堵技术要点

遵循地下工程渗漏治理中以"以堵为主"的原则，并根据调查、摸底的情况对渗漏点进行逐一封堵。由于地墙混凝土的密实性不是太高，有时一个渗漏点堵住后，会在这个点附近区域有新的渗漏点出现，因此堵漏过程中要切实注意观察，一旦新的因开裂所导致的渗漏点出现后，应立即进行封堵，确保在地墙防水施工前，将所有渗漏点堵实，杜绝渗漏现象。

5. 水泥基渗漏结晶防水层施工

由于地墙表面凹凸不平，水泥基结晶防水层如采用传统涂刷工艺，施工时存在一定难度，且质量也难得到保证，在具体实施过程中要求：水泥基渗透结晶型防水涂料喷涂前应在基面上喷一层混凝土界面处理剂，在转角处、管道根部部位应先做防水涂料加强层。第一遍喷涂：用喷涂机进行喷涂，喷涂时最少需 4 人同时协作，其中一人拌料，一人往喷涂机中投料，一人喷涂，高处喷涂时，一人进行防护。涂膜的先后接槎应尽可能留置在与扶壁柱交接的阴角处。喷涂应均匀，无漏喷、堆积露底等现象，涂料用量必须满足设计要求。第二遍喷涂：等第一层涂膜初凝（约 1～2h）后在仍呈潮湿状态时（即 48h 内）进行，如太干则应洒些水，上一道喷涂方向应与下一道相垂直。

6. 聚合物防水砂浆施工

施工时按照配合比（水灰比 1：0.3～1：0.5）调制砂浆，搅拌均匀后进行操作，底灰厚度为 8～10mm（分层进行），掌握好喷头与墙面距离，使之与基层粘结成一体，在砂浆凝固之前用扫帚扫毛。砂浆要随拌随用，拌合后应在限定时间内用完，严禁使用拌合后超过初凝时间的砂浆。将因围檩吊筋、楼层抗剪钢筋、扶壁柱抗剪钢筋等打凿部位，造成钢筋裸露的超厚部分进行分段、分层喷涂聚合物防水砂浆，喷涂厚度与周边墙体基本相平。

铺钉钢丝网要求超厚部分喷涂完成并养护 2 天后在墙面粘贴钢丝网固定钉，进行加强钢丝网铺设，铺设时钢丝网与打凿部位周边的搭接宽度不小于 150mm。超厚加强层完成 1～2 天后，进行面层防水砂浆施工，做法与第一层相同。喷涂厚度在 18～25mm，如图 1.6.2 所示。

图 1.6.2　聚合物防水砂浆处理结构层

7. 养护施工技术要点

水泥基渗透结晶型涂料涂层固化时（约 2h）开始养护，养护时间不少于 5 天，每天喷洒水至少 3 次（天气热时，应增加喷水次数）；水泥基渗透结晶型涂料涂层施工 48h 内必须避免雨水、大风、日晒、污水和泥浆的侵蚀；聚合物防水砂浆终凝后约 12～24h 应及时养护，养护温度不宜低于 5℃ 和高于 40℃，并保持水泥砂浆湿润状态，养护时间不得少于 7d；聚合物水泥砂浆防水层未达到硬化状态时，不得浇水养护，硬化后应采用干湿交替的养护方法进行养护，使聚合物在干燥状态下固化。在潮湿环境中，可在自然条件下养护。

1.6.4 结论

结合合肥万科城市之光工程项目详细论述了地下连续墙防裂防水施工工艺，包括所对应的全过程施工工艺流程，分解为基坑开挖过程中防裂防水以及连续墙施工过程中防裂防水两个连续环节关键做法，并对漏点调查与设置、基层精细化处理技术、开裂漏点防堵技术、水泥基渗漏结晶防水层施工、聚合物防水砂浆施工以及标准化养护进行分析，获得了良好的工程效益。

1.7 不均匀沉降所致混凝土开裂渗水处理新方法及实施

1.7.1 前言

在建筑设计中无论是大体量的地下室还是地下室与主体建筑之间的连接都离不开沉降缝隙或伸缩缝的设计，由于种种原因造成的不均匀沉降所致混凝土开裂渗漏水便形成了新的质量通病。目前，大型住宅小区在地下车库与住宅之间连通口处的渗水就是一种比较普遍的质量通病。考虑到车库结构与住宅主体结构的差异沉降以及施工工序要求在连通口部位设置沉降缝，一般通过设计中埋式橡胶止水带达到止水的目的，而该做法由于施工、材料、建筑物的差异沉降等因素的影响导致橡胶止水带损坏而止水失效，进而形成混凝土开裂渗水的质量通病，这是种新的质量通病，传统的处理方法很难奏效，必须应用现代新技术、新工艺、新材料才能进行有效的处理。为此本节提出一种新的防开裂渗漏构造及施工工艺。

1.7.2 构造与工艺特点

通过聚氨酯浆料对渗漏体进行临时止水并形成一定的可控空间，然后在结构表面扣压折形钢板，在钢板与聚氨酯形成的可控空间中注入蠕变注浆胶，此种注浆胶永不固化，通过其很好的延伸性能与其极强的粘结和蠕变性能达到止水目的，其细部构造如图 1.7.1 所示。

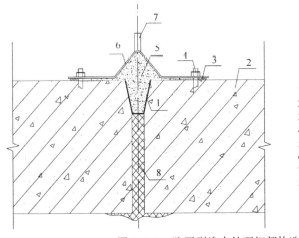

1—防水水泥砂浆修补表面
2—钢筋混凝土结构
3—100mm宽橡胶条
4—M14膨胀螺栓
5—专用蠕变注浆液
6—V形钢板
7—注浆钢嘴
8—聚氨酯发泡填充层

图 1.7.1 防开裂渗水处理细部构造

其细部结构与工艺具有以下特点：（1）能永久解决此种沉降缝渗水问题，耐久性好；（2）对结构没影响，增强结构的强度，保证结构的耐久性；（3）允许结构的变形和沉降；（4）带水堵漏，经济实用；（5）施工和使用过程中即使出现破损也能自行修复；（6）无毒、无污染、环保。

1.7.3　施工工艺流程

施工准备→临时降水或止水→修补清理基层→折压钢板成型、贴止水橡皮垫→打眼→扣压钢板、密封处理→装止水注浆钢嘴→试压通气→恒压注浆→检查渗漏→二次注浆→检查验收→表面装饰。

1.7.4　技术要点与控制

1. 施工准备

熟悉施工图纸，勘测施工现场，制订施工计划，编制施工技术方案，准备施工材料、机具、劳动力等。

2. 临时降水或止水

一般止水失效的情况下渗水量比较大，在地下室外围回填后地下水位上升，为便于施工一般通过注入 E-107 型聚氨酯注浆料进行临时的止水或降水，也可以通过引流临时将明水引走，为下一步修补清理基层打好基础。

3. 修补清理基层

对缝隙两边 300mm 内的混凝土进行修补，确保平整光滑，钢板扣压后无细纹，缝隙内无杂物。如中埋过深或完全损坏则清理深度为 150mm，保证缝宽 30～40mm，对宽度超过该范围的要用高标号砂浆修补以减少费用，对宽度过小要用电镐打开墙体进行诱导。缝隙过深处（超过 150mm）注入 E-107 型聚氨酯注浆料，通过其发泡形成止水和形成一定可控空间。缝隙两侧混凝土墙体外表面通过注入 S601 型超流变性高渗透环氧树脂进行加强，一方面对混凝土进行加强，另一方面确保抗渗达到设计标准。

4. 折压钢板成型、贴止水橡皮垫

将 400mm 宽（可根据工程实际情况进行调整）3mm 厚镀锌钢板（条件许可用不锈钢板更好）折压成带 V 形的待用板，在钢板两测距离钢板外边 50mm 处打间距 180mm 的 φ20 的孔。将 5mm 厚橡胶板切成 100mm 宽的橡胶条，在钢板扣压的一面及橡胶条的一面同时刷上万能胶，待胶不粘手时将橡胶条粘贴在刷好万能胶的钢板上，并用力压密实。

5. 混凝土结构上打孔

量好钢板孔的准确位置，以混凝土伸缩缝为中心向两边等距离放线，做好标记，打孔深度为 130mm 左右，确保孔直准确。

6. 扣压钢板、密封处理

将带 V 形槽的钢板扣压到打好孔的伸缩缝上，用 14 号加长膨胀螺栓将贴好橡胶垫的钢板扣压牢固。螺栓孔内注入结构胶，防止加压时浆料从孔内流出。钢板边口用密封胶封严，确保加压注浆时不露浆。

7. 装止水注浆钢嘴、注浆

将 40mm 长的钢嘴焊接在镀锌钢板的 V 形槽处，接通注浆机钢嘴，先试压通气，后进行注浆，注入 Z102 型变形缝专用蠕变注浆胶，保持恒压注浆，到第二个钢嘴出浆时再恒压一分钟，退下注浆管，用麻丝和堵头将注浆嘴堵严。依次按顺序在各个注浆嘴上注浆，自到最后一个钢嘴，恒压 3min。

8. 检查渗漏、二次注浆

由于注浆是将 Z102 型变形缝专用蠕变注浆胶注入钢板与混凝土墙体之间的空腔内，压力不需太大，注浆过程中可能在局部有空气没有排空，浆液的蠕变和流淌可能还会有渗漏点，经检查发现后在距渗水点最近的钢板钢嘴上二次注浆。最后确保空腔内充满蠕变胶，通过蠕变胶与混凝土、钢板等材料的强力粘结进行堵漏，通过其永不固化和蠕变的性能达到永久堵漏的目的。

9. 检查验收、表面装饰

通过一段时间的观察，确保无渗漏后即验收完工。完成后用 PVC 或铝扣板等其他装饰材料对伸缩缝隙进行装饰处理。

1.7.5 结论

本节针对混凝土开裂或不均匀沉降所造成的渗水问题，提出了一种修护与防护新构造，主要包括蠕变注浆、聚氨酯发泡填充、V 形钢板以及防水砂浆表面修复等，并且详细论述了其施工工艺流程和精细化的操作要点，使该项技术进一步成熟、可靠。

1.8 转换层混凝土大梁抗裂二次浇筑施工技术

1.8.1 前言

为了满足高层建筑使用功能要求并使工程结构更加安全，设计时在下部与上部之间设置转换层结构，有效保证了大空间、多种变化的建筑形式并满足了高层建筑的结构安全和使用功能要求。转换层结构采用梁式转换层框支结构，由钢筋混凝土板与纵横布置的承重大梁及次梁共同组成的混凝土承重结构，大梁结构高度一般为 1200～2800mm，是工程主体结构的关键部位，其钢筋混凝土结构体积大、重量大，钢筋交叉密集、支撑体系达 20m 高。承重结构混凝土浇筑、养护、温控、变形需严格预控、监测。在工程应用方面，合肥万科森林公园项目成功应用了转换层混凝土大梁二次分层浇筑技术。

1.8.2 技术特点与创新

(1) 转换层结构梁按不同规格尺寸对梁下模板支架进行具体分类，每根大梁按高支模进行模板支架的支撑设计。

(2) 按现行行业标准《建筑施工模板安全技术规范》JGJ 162—2008 的要求进行设计计算，采用 U 形托传力，梁下主楞由传统施工用的钢管调整为木枋，以减少钢管与 U 形托之间的滑移及钢管本身柔性带来的不稳定因素。

(3) 为保证模板支架有效传力，采用槽钢做垫板，每层楼板上的垫板放在下层结构梁及支撑系统的钢管支撑点上，解决了转换层自重和施工荷载大于转换层下楼面的实际荷载的问题，达到转换层结构、施工荷载安全传递。

（4）采用结构柱模紧固结构与梁底支架连接技术，使其作为钢筋混凝土转换层大梁荷载的辅助支撑点，增加了支撑体系结构的可靠度。

（5）转换层钢筋混凝土结构体积和自重大，混凝土浇筑采用分层施工、梁板一次性浇筑成型，结构整体性能好，能减轻支撑系统负荷、节约成本，并且降低了大体积混凝土水化热引起的不利因素。

1.8.3 施工工艺流程

施工前准备→放线转换层的下层梁宽度线及板支撑点位→安装转换层墙柱钢筋及模板→浇筑转换层下墙柱混凝土→铺设转换层大梁支撑系统底座槽钢→搭设转换层大梁承重支撑系统→搭设转换层梁板支撑系统→加固转换层下面各层支撑系统→安装转换层梁柱模板底模→中间质量验收 →绑扎转换层大梁钢筋→制作安装支撑骨架→安装转换层梁侧模板→绑扎转换层次梁及板钢筋→中间质量验收 →连接加固转换层大梁与柱支撑系统→设置转换层大梁测温孔→分两层浇筑转换层大梁混凝土（首次 400～500mm，二次 500～600mm）→连续浇筑混凝土次梁及板混凝土→养护转化层结构混凝土→同条件试验与早拆→分部工程验收。

1.8.4 施工技术要点及控制

1. 施工前准备工作

根据设计院提供的图纸，对比显示平均活荷载是否满足转换层的总体重量。在对比无法满足要求的条件下，在一层、二层、三层的支撑体系中，可垂直于梁的立杆底部增设 12 号槽钢一道，将大梁的荷载逐层传递到基础。转换层下层梁支撑方式与转换层转换梁的支撑方式相同，并需要采取加固措施，确保立杆加固的位置及间距与转换梁的支撑立杆位置及间距相同。

2. 梁宽度及板点位测量放线技术要点

根据设计图纸要求进行准确测量放线，并保证不超过放线偏差允许值。设置纵横中心线并采用标板进行标定作为施工基准线。

3. 安装转换层墙柱钢筋及模板技术要点

所有的钢筋进场后必须按批次和规格在监理的见证下抽样检验。转换层墙柱钢筋的接头形式、接头长度、最小锚固长度和位置必须满足设计要求，直径小于等于 φ16 的钢筋采用绑扎搭接，直径大于 φ16 的钢筋全部采用直螺纹连接。转换层墙柱钢筋的绑扎同传统钢筋绑扎方法及要点；转换层墙柱模板安装采用 15mm 厚木胶合板，且配置一套大模板以满足流水施工要求；对于非标准层墙体采用标准层模板再配接定型木模补齐短缺的方法进行配模。

4. 浇筑转换层下层混凝土技术要点

转换层下层混凝土在浇筑前，需对模板、支撑系统、钢筋、预埋件及管线等进行检查验收。转换层下层混凝土浇筑过程中需采取防止漏浆技术措施，并保持振捣器"快插慢拔"以控制混凝土的浇筑质量。

5. 铺设支撑系统底座钢槽的技术要点

在大梁底层投影面积上铺设槽钢，搭设大梁底承重钢管脚手架立杆，再搭设扫地杆、纵横水平杆、纵向剪刀撑、梁底顶杆，最后搭设主梁斜撑。斜撑顶横杆须顶紧底模，斜撑顶横杆与斜杆连接处必须增设一个防滑扣件。斜杆增设锁脚杆，纵横水平杆、立杆与斜撑分叮搭设并与柱相连。

6. 搭设转换层大梁支撑系统的技术要点

可采用 φ48×3.5 扣件式钢管脚手架作为主梁的支撑结构，以三层转换层为例，主梁支撑系统如图 1.8.1 所示，主梁辅助支架斜撑杆如图 1.8.2 所示。

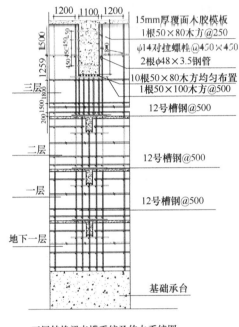

说明：

1. 地下一层至二层采用的支撑材料型号及材质与三层相同；
2. 满堂红脚手架搭设需满布剪刀撑；
3. 因地下一层及一层模板支撑系统已经搭设完毕，需要加固，加固时严格执行本图尺寸及支撑方式；
4. 混凝土浇筑时采用由梁中向梁两侧浇筑，并分层浇筑，分层厚度400mm，初凝前进行下一层混凝土浇筑。

图 1.8.1　转化层主梁支撑系统

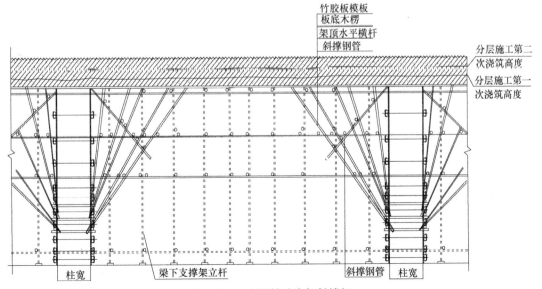

图 1.8.2　主梁辅助支架斜撑杆

增加加固短管作为斜撑支撑底座荷载传递支点，在大梁底搭设斜撑将部分荷载传至柱上作为辅助支撑系统。梁支撑体系设置两道斜撑与柱相连，通过柱将协助卸荷。斜撑上部与框架梁两端各 1/3 跨度处水平杆使用扣件扣紧，下部与两边柱钢管箍用扣件扣紧，斜杆紧贴梁内侧两立杆，与地面成 60°左右夹角。立杆严禁用搭接形式接长，扣件连接紧密无松动。

7. 搭设转换层梁板及各层支撑的技术要点

转换层次梁和楼板的支撑系统中整个梁板下采用 $\phi48×3.0$ 钢管搭设的满堂脚手架。水平杆双向设置，扫地杆距地 200mm，梁板区间水平杆纵横间距 500mm，步距为 1500mm。次梁下增设一道立杆，沿梁方向间距 500mm，板区间内按 1000mm×1000mm 布置，立杆离梁边 200mm，整个架体满布剪刀撑，间距 3000mm 一道。

8. 安装转换层梁柱模板（底模和侧模）的技术要点

采用 15mm 厚的竹胶合板配以木枋龙骨现场加工制作定型模板，包括：侧模加固肋采用 50×100mm 木枋及 $\phi48×3.0$ 钢管配合，间距 250mm，采用对拉螺栓及双钢管对夹固定；底模采用 50mm×100mm 木枋作为龙骨，间距 200mm。支撑体系采用扣件式钢管加油托可调支撑，立杆纵横向间距为 0.9m，水平杆步距 1.5m。转换大梁底立杆当梁高 $h≥2000mm$ 时按横向间距 400mm、纵向间距 500mm 增设 3 根立杆顶撑，当梁高 $h<2000mm$ 时按横向间距 600mm、纵向间距 500mm 增设 2 根立杆顶撑，另加对拉穿梁螺栓，螺栓通过"3"型卡、螺帽与加固肋等连接，螺栓横向间距为 450mm，竖向排距为 450mm。顶板模板采用 15mm 厚木胶合板，50mm×100mm 木枋作次龙骨，间距为 250mm，100mm×100mm 木枋作主龙骨，间距为 900mm，支撑体系采用扣件式钢管加油托可调支撑。转换层下钢筋混凝土框架柱模板采用定型木模板，现场加工制作，采用 15mm 厚木胶合板，纵肋为 100mm×100mm 方木，间距不大于 250mm，柱箍采用定型槽钢卡具、10 号槽钢，对拉螺栓采用 $\phi16$ 钢筋，并加 $\phi48$ 钢管斜撑。

9. 绑扎转换层大梁钢筋的技术要点

梁柱接头部位及主次梁交叉部位穿插难度大的箍筋可以设置开口箍以便于施工，开口箍上下搭接采用单面焊，焊缝长度大于 $10d$，搭接部位错开设置。梁主筋保护层采用 25mm 厚，理石块作横向钢筋垫块，间距 600mm，梁多排钢筋之间，当梁主筋直径大于 25mm 时，采用与梁主筋同直径的钢筋作垫块，间距为 600mm；当梁主筋直径小于等于 25mm 时，采用 A25 钢筋作垫铁，间距为 600mm。板的钢筋网须满点绑扎以保证板筋横平竖直和位置准确，板内双层双向钢筋间设置"板凳铁"，采用钢筋直径为 $\phi14$ 的铁支撑通长布置，间距为 600mm，脚趾长 100mm，板凳面长 150mm，以防止上层板筋被踩踏。

10. 安装钢筋骨架支撑架的技术要点

搭设梁钢筋骨架的支撑架，将梁上部钢筋放置在支撑架上，穿入箍筋，再放下部钢筋，用 A25 的钢筋作撑铁，间距为 1000mm 一道。根据不同梁高设置三到五根撑铁，布置在梁高的上、中、下及中部相应位置，长度为梁宽，以支撑梁面附加的纵向负弯矩筋并作为梁模内撑。

11. 分层浇筑转换层大梁的技术要点

转换层大梁采用分层浇筑，第一层浇筑 400～500mm，以后每层浇筑 500～600mm，下一层必须在前一层初凝前浇筑完毕。转换层大梁之外的框架梁、连续梁、板等混凝土应同时浇筑，浇筑方法采用"赶浆法"，即先浇筑梁，根据梁高分层浇筑成阶梯形，当达到板底位置时再与板的混凝土一起浇筑，随着阶梯形不断延伸，梁板混凝土浇筑连续向前进行（图 1.8.3、图 1.8.4）。

图 1.8.3　转换层大梁钢筋绑扎（一）　　图 1.8.4　转换层大梁钢筋绑扎（二）

浇筑与振捣必须紧密配合，第一层下料慢些，梁底充分振实后再下第二层料，保持水泥浆沿梁底包裹石子向前推进，每层均应振实后再下料，梁底及梁帮部位要注意振实，振捣时不得触动钢筋及预埋件。混凝土振捣采用 A50 插入式振捣棒，梁、柱节点处用 A30 插入式振捣棒，每一振捣延续时间应将混凝土表面松动的石子、水泥膜表面充分润湿。

12. 养护转换层结构混凝土的技术要点

采取润湿养护法确保混凝土内部和表面温度不大于 25℃；混凝土表面和大气之间的温差不大于 20℃。若测温中发现温差接近 20℃ 及时采取增加或减少覆盖保温的措施，混凝土养护采用覆盖塑料薄膜（梁板顶面）的方式进行。养护必须确保混凝土表面覆盖严密，并根据内外温差情况采取相应的保温或降温措施，使内外温差的差值控制在 25℃ 以内。

1.8.5　结论

针对转换层结构的大梁提出二次浇筑防开裂的工艺措施，结合工程项目归纳该技术特点，全面展开其全部施工工艺流程，在此基础上明确了施工前准备工作、梁宽度及板点位测量放线技术、安装转换层墙柱钢筋及模板技术等 12 个重点环节的具体操作方法和控制要点，确保工程项目获得了良好的效益。

第2章 裂缝现象分析及抗裂技术

2.1 裂缝分析

裂缝是现浇混凝土工程中常遇的一种质量通病。裂缝的类型很多，按产生的原因有外荷载（包括施工和使用阶段的静荷载、动荷载）引起的裂缝（表2.1.1）；物理因素（包括温度湿度变化、不均匀沉降、冻胀等）引起的裂缝；化学因素（包括钢筋锈蚀、化学反应膨胀等）引起的裂缝；施工操作（如脱模撞击、养护等）引起的裂缝（表2.1.2）。按裂缝的方向、形状有：水平裂缝、垂直裂缝、纵向裂缝、横向裂缝、斜向裂缝等；按裂缝深浅有表面裂缝、深进裂缝和贯穿性裂缝等。

混凝土结构的典型荷载裂缝特征 表 2.1.1

项次	裂缝原因	裂缝主要特征
1	轴心受拉	裂缝贯穿结构全截面，大体等间距（垂直于裂缝方向）；用带肋钢筋时，裂缝间出现位于钢筋附近的次裂缝
2	轴心受压	沿构件出现短而密的平行于受力方向的裂缝
3	偏心受压	弯矩最大截面附近从受拉边缘开始出现横向裂缝，逐渐向中和轴发展；用带肋钢筋时，裂缝间可见短而次裂缝
		沿构件出现短而密的平行于受力方向的裂缝，但发生在压力较大一侧，且较集中
4	局部受压	在局部受压区出现大体与压力方向平行的多条短裂缝
5	受弯	弯矩最大截面附近从受拉边缘开始出现横向裂缝，逐渐向中和轴发展，受压区混凝土压碎
6	受剪	沿梁端中下部发生约45°方向相互平行的斜裂缝
		沿悬臂剪力墙支承端受力一侧中下部发生一条约45°方向的斜裂缝
7	受扭矩	某一面腹部先出现多条约45°方向的斜裂缝，向相邻面以螺旋方向展开
8	受冲切	沿柱头板内四侧发生45°方向的斜裂缝；沿柱下基础体内柱边四侧发生45°方向的斜裂缝

混凝土结构的典型非荷载裂缝特征 表 2.1.2

项次	裂缝原因	裂缝主要特征
1	框架结构一侧下沉过多	框架梁两端发生裂缝的方向相反（一端自上而下，另一端自下而上）；下沉柱上的梁、柱接头处可能发生细微水平裂缝
2	梁的混凝土收缩和温度变形	沿梁长度方向的腹部出现大体等间距的横向裂缝，中间宽、两头尖，呈枣核形，至上下纵向钢筋处消失，有时出现整个截面裂缝贯通的情况

项次	裂缝原因	裂缝主要特征
3	混凝土内钢筋锈蚀膨胀引起混凝土表面出现胀裂	形成沿钢筋方向的通长裂缝
4	板的混凝土收缩和温度变形	沿板长度方向出现与板跨度方向一致的大体等间距的平行裂缝，有时板角出现斜裂缝
5	混凝土浇筑速度过快	浇筑 1~2h 后在板与墙、梁，梁与柱交接部位出现纵向裂缝
6	水泥安定性不合格或混凝土搅拌、运输时间过长，使水分蒸发，引起混凝土浇筑时坍落度过低；或阳光照射、养护不当	混凝土中出现不规则的网状裂缝
7	混凝土初期养护时急骤干燥	混凝土与大气接触面上出现不规则的网状裂缝
8	用泵送混凝土施工时，为了保证流动性，增加水和水泥用量，导致混凝土凝结硬化时收缩量增加	混凝土中出现不规则的网状裂缝
9	木模板受潮膨胀上拱	混凝土板面产生上宽下窄的裂缝
10	模板刚度不够，在刚浇筑混凝土的（侧向）压力作用下发生变形	混凝土构件出现与模板变形一致的裂缝
11	模板支撑下沉或局部失稳	已浇筑成型的构件产生相应部位的裂缝

　　裂缝是混凝土工程的隐患，因为表面细微裂缝极易吸收侵蚀性气体或水分。当气温低于 -3℃ 时，水分结冰体积膨胀，会进一步扩大裂缝的宽度和深度，如此循环扩大，将影响整个工程的质量，造成安全隐患；深进较宽的裂缝，受水分和气体的侵入，会直接锈蚀钢筋，体积可胀大 7 倍，会加速裂缝的发展，造成保护层的剥落，使钢筋不能有效地发挥作用；深进的裂缝会使结构整体受到破坏。由此可知，裂缝的存在会明显地降低结构构件的承载力、持久强度和耐久性，有可能使结构在承受未达到设计要求的荷载前就造成破坏。

　　裂缝产生的原因比较复杂，往往由多种综合因素构成，除承受荷载或外力冲击形成的裂缝外，在施工过程中形成的裂缝一般有以下几种。

2.1.1 塑性收缩裂缝

　　1. 现象

　　塑性收缩裂缝简称塑性裂缝，多在新浇筑的基础、墙、梁、板暴露于空气中的上表面出现，形状接近直线，长短不一，互不连贯，裂缝较浅，类似于干燥的泥浆面。大多在混凝土初凝后（一般在浇筑后 4h 左右），在外界气温高、风速大、气候很干燥的情况下出现。

　　2. 原因分析

　　（1）混凝土浇筑后，表面没有及时覆盖，受风吹日晒，表面游离水分蒸发过快，产生剧烈的体积收缩，而此时混凝土早期强度低，不能抵抗这种收缩应力而导致开裂。

（2）使用收缩较大的水泥；水泥含量过多，或使用过量的粉砂，或混凝土水灰比过大。

（3）混凝土流动度过大，模板过于干燥，吸水大。

（4）浇筑在斜坡上的混凝土，由于重力作用有向下流动的倾向，也是导致这类裂缝出现的因素。

3. 预防措施

（1）配制混凝土时，应严格控制水灰比和水泥用量，选择级配良好的石子，减小空隙率和砂率；同时，要振捣密实，以减小收缩量、提高混凝土早期的抗裂强度。

（2）浇筑混凝土前，将基层和模板浇水湿透，避免吸收混凝土中的水分。

（3）混凝土浇筑后，对裸露表面应及时用潮湿材料覆盖，认真养护，防止强风吹袭和烈日暴晒。

（4）在气温高、湿度低或风速大的天气施工，混凝土浇筑后，应及早进行喷水养护，使其保持湿润；分段浇筑混凝土宜浇完一段、养护一段、在炎热季节，要加强表面的抹压和养护。

（5）在混凝土表面喷养护剂，覆盖塑料薄膜或湿草袋，使水分不易蒸发。

（6）加设挡风设施，以降低作用于混凝土表面的风速。

4. 治理方法

（1）如混凝土仍保持塑性，可采用及时压抹一遍或重新振捣的方法来消除裂缝，再加强覆盖养护。

（2）如混凝土已硬化，可向裂缝内装入干水泥粉，然后加水润湿，或在表面抹薄层水泥砂浆进行处理。

2.1.2 沉降收缩裂缝

1. 现象

沉降收缩裂缝简称沉降裂缝，多沿基础、墙、梁、板上表面钢筋通长方向或箍筋上或靠近模板处断续出现，或在预埋件的附近周围出现。裂缝呈梭形，宽度在 0.3~0.4mm，深度不大，一般到钢筋上表面为止。在钢筋的底部形成空隙，多在混凝土浇筑后发生，混凝土硬化后即停止。

2. 原因分析

（1）混凝土浇筑振捣后，粗骨料挤出水分、空气，表面呈现泌水，而形成竖向沉降，这种沉降受到钢筋、预埋件、模板、大的粗骨料以及先期凝固混凝土的局部约束，或混凝土本身各部相互沉降量相差过大，从而造成裂缝。

（2）混凝土保护层不足，混凝土沉降受到钢筋的阻碍，常在箍筋方向发生一道道的横向沉降裂缝。

3. 预防措施

（1）加强混凝土配制和施工操作控制，不使水灰比、砂率、坍落度过大；振捣要充分，但避免过度。

（2）对于截面相差较大的混凝土构筑物，可先浇筑较深部位，静停2~3h，待沉降稳定后，再与上部截面混凝土同时浇筑，以避免沉降过大导致裂缝。

（3）在混凝土初凝、终凝前分别进行抹面处理，每次抹面可采用铁板压光磨平两遍或用木抹子抹平搓毛两遍。

（4）适当增加混凝土的保护层厚度。

2.1.3　干燥收缩裂缝

1. 现象

干燥收缩裂缝简称干缩裂缝，它的特征为表面性的，宽度较细（多在 0.05～0.2mm 之间），走向纵横交错，没有规律性，裂缝分布不均。对于基础、墙、较薄的梁板类结构，多沿短方向分布。整体性变截面结构多发生在结构变截面处，大体积混凝土在平面部位较为多见，侧面也时有出现。这类裂缝一般在混凝土露天养护完毕经一段时间后，在上表面或侧面出现，并随湿度的变化而变化，表面强烈收缩可使裂缝由表及里、由小到大逐步向深部发展。

2. 原因分析

（1）混凝土结构成型后，没有覆盖养护，受到风吹日晒，表面水分散失快，体积收缩大，而内部湿度变化很小，收缩也小，因而表面收缩变形受到内部混凝土的约束，出现拉应力，引起混凝土表面开裂。

（2）混凝土结构长期裸露在露天，未及时回填土或封闭，处于时干时湿状态，使表面湿度经常发生剧烈变化。

（3）采用含泥量大的粉砂配制混凝土，收缩大，抗拉强度低。

（4）混凝土过度振捣，表面形成水泥含量较多的砂浆层，使收缩量增大。

3. 预防措施

（1）混凝土水泥用量、水灰比和砂率不能过大；提高粗骨料含量，以降低干缩量。

（2）严格控制砂石含泥量，避免使用过量粉砂。

（3）混凝土应振捣密实，但避免过度振捣；在混凝土初凝前和终凝前，均进行抹面处理，以提高混凝土的抗拉强度，减少收缩量。

（4）加强混凝土早期养护，并适当延长养护时间。暴露在露天的混凝土应及早回填或封闭，避免发生过大的湿度变化。

2.1.4　温度裂缝

1. 现象

温度裂缝又称温差裂缝，表面温度裂缝走向无一定规律性，长度尺寸较大的基础、墙、梁、板类结构，裂缝多平行于短边；大体积混凝土结构的裂缝常纵横交错。深进的和贯穿的温度裂缝，一般与短边方向平行或接近与平行，裂缝沿全长分段出现，中间较密。裂缝宽度大小不一，一般在 0.5mm 以下，沿全长没有多大变化。表面温度裂缝多发生在施工期间，深进的或贯穿的多发生在浇筑后 2～3 个月或更长时间，缝宽受温度变化影响较明显，冬季较宽，夏季较细。沿截面高度，裂缝大多呈上宽下窄状，但个别也有下宽上窄的情况，遇顶部或底板配筋较多的结构，有时也出现中间宽两端窄的梭形裂缝。

2. 原因分析

（1）表面温度裂缝，多由于温差较大引起。混凝土结构构件，特别是大体积混凝土基础浇筑后，在硬化期间水泥放出大量水化热，内部温度不断上升，使混凝土表面和内部温差较大。当产生非均匀的降温差时（如施工中不够注意而过早拆除模板；冬期施工时过早除掉保温层，或受到寒潮袭击），将导致混凝土表面由于急剧的温度变化而发生较大的温降收缩，此时表面受到内部混凝土的约束，将产生很大的拉应力（内部温降慢，受自约束而产生压应力），而混凝土早期抗拉强度很低，因而出现裂缝。但这种温差仅在表面处较大，离开表面就很快减弱，因此，裂缝只在接近表面较浅的范围内出现，表面层以下的结构仍保持完整。

（2）深进的和贯穿的温度裂缝多由于结构降温差较大，受到外界的约束而引起的。当大体积混凝土基础、墙体浇筑在坚硬地基（特别是岩石地基）或厚大的旧混凝土垫层上时，没有采取隔离层等放松约束的措施，如果混凝土浇筑时温度很高，加上水泥水化热的温升很大，使混凝土的温度很高，当混凝土温降收缩，全部或部分地受到地基、混凝土整层或其他外部结构的约束，将会在混凝土内部出现很大的拉应力，产生降温收缩裂缝。这类裂缝较深，有时是贯穿性的，将破坏结构的整体性。基础工程长期不回填，受风吹日晒或寒潮袭击作用；框架结构的梁、墙板、基础梁，由于与刚度较大的柱、基础约束，降温时也常出现这类裂缝。

（3）采用蒸汽养护的结构构件，混凝土降温制度控制不严，降温过速，使混凝土表面急剧降温，而受到内部的约束，常导致结构表面出现裂缝。

3. 预防措施

（1）一般结构预防措施

1）合理选择原材料和配合比，采用级配良好的石子；砂、石含泥量控制在规定范围内；在混凝土中掺加减水剂，降低水灰比；严格施工，分层浇筑、振捣密实，以提高混凝土的抗拉强度。

2）细长结构构件，采用分段间隔浇筑，或适当设置施工缝或后浇缝，以减小约束应力。

3）在结构薄弱部位及孔洞四角、多孔板板面，适当配置必要的细直径温度筋，使其对称均匀分布，以提高极限拉伸值。

4）蒸汽养护结构构件时，控制升温速度不大于15℃/h，降温速度不大于10℃/h，避免急热急冷，引起过大的温度应力。

5）加强混凝土的养护和保温，控制结构与外界温度梯度在25℃范围以内。混凝土浇筑后，裸露表面及时喷水养护，夏季应适当延长养护时间，以提高抗裂能力。冬季应适当延长保温和脱模时间，使其缓慢降温，以防温度骤变、温差过大引起裂缝。基础部分及早回填，保湿保温，减少温度收缩裂缝。

（2）大体积结构预防措施

1）大体积混凝土配合比设计应符合下列规定：

① 在保证混凝土强度及坍落度要求的前提下，应采用提高掺合料及骨料的含量等措施降低水泥用量，并宜采用低水化热水泥；

② 最大胶凝材料用量不宜超过450kg/m³；

③ 温控要求较高的大体积混凝土，其胶凝材料用量、品种等宜通过水化热和绝热温升试验确定；

④ 宜采用聚羧酸系减水剂。

2) 宜采用混凝土后期强度,以减少水泥用量。基础大体积混凝土宜采用龄期为 56d、60d、90d 的强度等级;当柱、墙采用不小于 C80 强度等级的大体积混凝土时,混凝土可采用龄期为 56d 的强度等级;混凝土后期强度等级可作为配合比、强度评定及验收的依据;利用后期强度配制混凝土应征得设计单位同意。

3) 大体积混凝土结构浇筑应符合下列规定:

① 用多台输送泵接硬管输送浇筑时,输送管布料点间距不宜大于 12m,并宜由远向近浇筑;

② 用汽车布料杆输送浇筑时,应根据布料杆工作半径确定布料点数量,各布料点浇筑速度应保持均衡;

③ 宜先浇筑深坑部分再浇筑大面积基础部分;

④ 宜采用斜面分层浇筑方法,也可采用全面分层、分块分层浇筑方法,每层混凝土应连续;

⑤ 混凝土分层浇筑应利用自然流淌形成斜坡,并应沿高度均匀上升,分层厚度不应大于 500mm;

⑥ 分层浇筑间隔时间应缩短,混凝土浇筑后应及时浇筑另一层混凝土;

⑦ 混凝土浇筑后,在混凝土初凝、终凝前宜分别进行抹面处理,抹面次数宜适当增加。

4) 大体积混凝土施工温度控制应符合下列规定:

① 入模温度宜控制在 30℃以下,应控制在 5℃以上;

② 绝热温升不宜大于 45℃,不应大于 55℃;

③ 混凝土表面温度与大气温度的差值不宜大于 20℃;

④ 混凝土内部温度与表面温度的差值不宜超过 25℃;

⑤ 混凝土降温速率不宜大于 2℃/d。

5) 大体积混凝土裸露表面应及时进行蓄热养护,蓄热养护覆盖层层数应根据施工方案确定,养护时间应根据测温数据确定。大体积混凝土内部温度与环境温度的差值小于 30℃时,可以结束蓄热养护。蓄热养护结束后宜采用浇水养护方式继续养护,蓄热养护和浇水养护时间应不得少于 14d。

6) 加强养护过程中的测温工作,发现温差过大,及时覆盖保温,使混凝土缓慢降温,缓慢收缩,以有效地发挥混凝土的徐变特征,降低约束应力,提高结构抗拉能力。

4. 治理方法

(1) 温度裂缝对钢筋锈蚀、碳化、抗冻融(有抗冻要求的构件)、抗疲劳(对受动荷载的结构)等方面有影响,故应采取措施治理。

(2) 对表面裂缝,可以采取涂两遍结构胶泥或贴玻璃布,以及抹、喷水泥砂浆等方法进行表面封闭处理。

(3) 对有整体性防水、防渗要求的结构,缝宽大于 0.1m 的深进或贯穿性裂缝,应根据裂缝可灌程度,采用灌水泥浆或裂缝修补胶的方法进行修补,或者灌浆与表面封闭同时采用。

(4) 宽度不大于 0.1mm 的裂缝,由于后期水泥生成氢氧化钙、硫酸铝钙等类物质,碳化作用能使裂缝自行愈合，可不处理或只进行表面处理即可。

2.1.5 撞击裂缝

1. 现象

裂缝有水平的、垂直的、斜向的；裂缝的部位和走向随受到撞击荷载的作用点、大小和方向而异；裂缝宽度、深度和长度不一，无规律性。

2. 原因分析

（1）拆模时由于工具或模板的外力撞击而使结构出现裂缝，如拆除墙板的门窗模板时，常引起斜向裂缝；用吊机拆除内外墙的大模板时，稍一偏移，就撞击承载力还很低的混凝土墙，引起水平或垂直的裂缝。

（2）拆模过早，混凝土强度尚低，常导致出现沿钢筋的纵向或横向裂缝。

（3）拆模方法不当，只起模板一角，或用猛烈振动的方法脱模，使结构受力不匀或受到剧烈的振动。

（4）梁、板混凝土尚未达到脱模强度，在其上运输、堆放材料，使梁、板受到振动超过比设计大的施工荷载作用而造成裂缝。

3. 预防措施

（1）现浇结构成型或拆模，应防止受到各种施工荷载的撞击和振动。模板拆除过程中应检查混凝土表面是否有损伤，如有损伤立即修补或采取其他有效措施。

（2）结构脱模时必须达到规范要求的拆模强度，并使结构受力均匀。

（3）拆模应按规定的程序进行，后支的先拆，先支的后拆，先拆除非承重部分，后拆除承重部分，使结构不受损伤。

（4）在梁、板混凝土未达到设计强度前，避免在其上运输和堆放大量工程和施工用料，防止梁、板受到振动和将梁板压裂。

4. 治理方法

（1）对一般裂缝可用结构胶泥封闭；对较宽较深裂缝，应先沿缝凿成八字形四槽，再用结构胶泥、聚合物砂浆或水泥砂浆补缝或再加贴玻璃布处理。

（2）对较严重的贯穿性裂缝，应采用裂缝修补胶灌浆处理，或进行结构加固处理。

2.1.6 沉陷裂缝

1. 现象

裂缝多在基础、墙等结构上出现，大多属深进或贯穿性裂缝，其走向与沉陷情况有关，有的在上部，有的在下部，一般与地面垂直或呈 $30°\sim45°$ 角方向发展。较大的贯穿性沉降裂缝，往往上下或左右有一定的错距，裂缝宽度受温度变化影响小，因荷载大小而异，且与不均匀沉降值成正比。

2. 原因分析

（1）结构构件下面的地基软硬不均，或局部存在松软土，未经夯实和必要的加固处理，混凝土浇筑后，地基局部产生不均匀沉降而引起裂缝。

（2）结构各部分荷载悬殊，未做必要的加强处理，混凝土浇筑后因地基受力不均，产生不均匀沉降，造成结构应力集中，而导致出现裂缝。

（3）模板刚度不足，模板支撑不牢，支撑间距过大或支撑在松软土上；以及过早拆模也常常导致不均匀沉陷裂缝的出现。

（4）冬期施工，模板支架支承在冻土层上，上部结构未达到规定强度时地层化冻下沉，使结构卜垂或产生裂缝。

3. 防治措施

（1）对软硬地基、松软土、填土地基应进行必要的夯（压）实和加固。

（2）模板应支撑牢固，保证整个支撑系统有足够的承载力和刚度，并使地基受力均匀，拆模时间不能过早，应按规定执行。

（3）结构各部分荷载悬殊的结构，适当增设构造钢筋，以避免不均匀沉降，造成应力集中而出现裂缝。

（4）施工场地周围应做好排水措施，并注意防止水管漏水或养护水浸泡地基。

（5）模板支架一般不应支承在冻胀性土层上，如确实不可避免，则应加垫板，做好排水，覆盖好保温材料。

2.1.7　化学反应裂缝

1. 现象

（1）在梁、柱结构或构件表面出现与钢筋平行的纵向裂缝；板式构件在板底面沿钢筋位置出现裂缝，缝隙中夹有斑黄色锈迹。

（2）混凝土表面呈现块状崩裂，裂缝无规律性。

（3）混凝土出现不规则的崩裂，裂缝呈大网络（图案）状，中心突起，向四周扩散，在浇筑完半年或更长的时间内发生。

（4）混凝土表面出现大小不等的圆形或类圆形崩裂、剥落，类似"出豆子"，内有白黄色颗粒，多在浇筑后两个月左右出现。

2. 原因分析

（1）混凝土内掺有氯化物外加剂，或以海砂作骨料，或用海水拌制混凝土，使钢筋产生电化学腐蚀，铁锈膨胀而把混凝土胀裂（即通常所谓钢筋锈蚀膨胀裂缝）。有的保护层过薄，碳化深度超过保护层，在水的作用下，亦会使钢筋锈蚀膨胀造成这类裂缝。

（2）混凝土中铝酸三钙受硫酸盐或镁盐的侵蚀，产生难溶而体积增大的反应物，使混凝土体积膨胀而出现裂缝（即通常所谓水泥杆菌腐蚀）。

（3）混凝土骨料含有蛋白石、硅质岩或镁质岩等活性氧化硅，与高碱水泥中的碱反应生成碱硅酸凝胶，吸水后体积膨胀而使混凝土崩裂（即通常所谓"碱骨料反应"）。

（4）水泥中含游离氧化钙过多（多呈颗粒），在混凝土硬化后，继续水化，发生固相体积增大，体积膨胀，使混凝土出现豆子似的崩裂，多发生在土法生产的水泥中。

3. 预防措施

（1）冬期施工混凝土时应使用经试验确定适宜的防冻剂；采用海砂作细骨料时，应符合《海砂混凝土应用技术规范》JGJ 206—2010 的相关规定；在钢筋混凝土结构中不得用海水拌制混凝土；适当增厚混凝土或对钢筋涂防腐蚀涂料，对混凝土加密封外罩；混凝土采用级配良好的石子，使用低水灰比，加强振捣，以降低渗透率，阻止电腐蚀作用。

（2）采用含铝酸三钙少的水泥，或掺加火山灰掺料，以减轻硫酸盐或镁盐对水泥的作用，或对混凝土表面进行防腐，以阻止对混凝土的侵蚀；避免采用含硫酸盐或镁盐的水拌制混凝土。

（3）防止采用含活性氧化硅的骨料配制混凝土，或采用低碱性水泥和掺火山灰的水泥配制混凝土，降低碱化物质和活性硅的比例，以控制化学反应的产生。

（4）加强水泥的检验，防止使用含游离氧化钙多的水泥配制混凝土，或经处理后使用。

4. 治理方法

钢筋锈蚀膨胀裂缝，应把主筋周围含盐混凝土凿除，铁锈以喷砂法清除，然后用喷浆或加围套的方法修补。

2.1.8 冻胀裂缝

1. 现象

结构构件表面沿主筋、箍筋方向出现宽窄不一的裂缝，深度一般到主筋，周围混凝土疏松、剥落。

2. 原因分析

冬期施工混凝土结构构件未保温，混凝土早期遭受冻结，将表层混凝土冻胀，解冻后钢筋部位变形仍不能恢复，而出现裂缝、剥落。

3. 预防措施

（1）结构构件在冬期施工，配制混凝土应采用普通水泥，低水灰比，并掺加适量早强抗冻剂，以提高早期强度。

（2）对混凝土进行蓄热保温或加热养护，直至达到40％的设计强度。

4. 治理方法

对一般裂缝可用结构胶泥封闭；对较宽较深裂缝，用聚合物砂浆补缝或再加贴玻璃布处理；对较严重的裂缝，应将剥落疏松部分凿去，加焊钢丝网后，重新浇筑一层细石混凝土，并加强养护。

2.2 混凝土裂缝治理方法

混凝土结构或构件出现裂缝，有的破坏结构的整体性，降低刚度，使变形增大，不同程度地影响结构承载力、耐久性；有的虽对承载力无多大影响，但会引起钢筋锈蚀，降低耐久性，或发生渗漏，影响使用。因此，应根据裂缝发生原因、性质、特征、大小、部位，结构受力情况和使用要求，并综合考虑不同的结构特点、材料性能及技术经济指标，合理选择治理方法。

2.2.1 验算开裂结构构件承载力注意事项

1. 结构构件验算采用的结构分析方法，应符合国家现行标准有关设计要求的规定。

2. 结构构件验算使用的抗力 R 和作用效应 S 计算模型，应符合其实际受力和构造状况。

3. 结构构件作用效应 S 的确定，应符合下列要求：

（1）作用的组合和组合值系数以及作用的分项系数，应按现行国家标准《建筑结构荷载规范》GB 50009—2012 的规定执行。

（2）当结构受到温度、变形等作用时，且对其承载力有显著影响时，应计入由此产生的附加内力。

4. 当材料种类和性能符合原设计要求时，材料强度应按原设计值取用；当材料的种类和性能与原设计不符时，材料强度应采用实测试验数据。材料强度的标准值应按国家现行有关结构设计标准的规定确定。

5. 进行承载力验算应根据国家现行标准中有关结构设计的要求选择安全等级，并确定结构重要性系数 γ。

2.2.2 荷载裂缝处理

1. 混凝土结构构件的荷载裂缝可按现行国家标准《混凝土结构加固设计规范》GB 50367—2013 的要求进行处理。

2. 当混凝土结构构件的荷载裂缝宽度小于现行国家标准《混凝土结构加固设计规范》GB 50367—2013 的规定时，构件可不做承载力验算。

2.2.3 非荷载裂缝处理

1. 混凝土结构构件的非荷载裂缝应按裂缝宽度限值，并按表 2.2.1 的要求进行裂缝修补处理。

2. 混凝土结构的非荷载裂缝修补可采用表面封闭法、注射法、压力注浆法、填充密封等方法。

3. 混凝土结构构件的非荷载裂缝修补方法，可按下列情况分别选用：

（1）对于应修补的钢筋混凝土构件沿受力主筋处的弯曲、轴心受拉和大偏心受压的非荷载裂缝，其宽度在 0.4~0.5mm 时可使用注射法进行处理，宽度大于或等于 0.5mm 时可使用压力注浆法进行处理。

（2）对于宜修补的钢筋混凝土构件沿受力主筋处的弯曲、轴心受拉和大偏心受压的非荷载裂缝，其宽度在 0.2~0.5mm 时可使用填充密封法进行处理，宽度在 0.5~0.6mm 时可使用压力注浆法进行处理。

混凝土结构构件裂缝修补处理的宽度限值（mm） 表 2.2.1

区分	构件类别		环境类别和环境作业等级			防水、防气、防射线要求
			I-C（干湿交替环境）	I-B（非干湿交替的室内潮湿环境及露天环境、长期湿润环境）	I A（室内干燥环境、永久的静水浸没环境）	
（A）应修补的弯曲、轴心受拉和大偏心受压荷载裂缝及非荷载裂缝的宽度	钢筋混凝土构件	主要构件	>0.4	>0.4	>0.5	>0.2
		一般构件	>0.4	>0.5	>0.6	>0.2
	预应力混凝土构件	主要构件	>0.1（0.2）	>0.1（0.2）	>0.2（0.3）	>0.2
		一般构件	>0.1（0.2）	>0.1（0.2）	>0.35（0.5）	>0.2

续表

区分	构件类别		环境类别和环境作业等级			防水、防气、防射线要求
			I-C（干湿交替环境）	I-B（非干湿交替的室内潮湿环境及露天环境、长期湿润环境）	I-A（室内干燥环境、永久的静水浸没环境）	
（B）宜修补的弯曲、轴心受拉和大偏心受压荷载裂缝及非荷载裂缝的宽度	钢筋混凝土构件	主要构件	0.2～0.4	0.3～0.4	0.35～0.5	0.05～0.2
		一般构件	0.3～0.4	0.3～0.5	0.4～0.6	0.05～0.2
	预应力混凝土构件	主要构件	0.05～0.1（0.02～0.2）	0.05～0.1（0.02～0.2）	0.1～0.2（0.05～0.3）	0.05～0.2
		一般构件	0.05～0.1（0.02～0.2）	0.05～0.1（0.02～0.2）	0.3～0.35（0.1～0.5）	0.05～0.2
（C）不需要修补的弯曲、轴心受拉和大偏心受压荷载裂缝及非荷载裂缝的亮度	钢筋混凝土构件	主要构件	<0.2	<0.3	<0.35	<0.05
		一般构件	<0.3	<0.3	<0.4	<0.05
	预应力混凝土构件	主要构件	<0.05（0.02）	<0.05（0.02）	<0.1（0.05）	<0.05
		一般构件	<0.05（0.02）	<0.05（0.02）	<0.3（0.1）	<0.05
需修补的受剪（斜拉、剪压、斜压）、轴心受压、小偏心受压、局部受压、受冲切、受扭裂缝	钢筋混凝土构件或预应力混凝土构件	任何构件	出现裂缝			

注：1. I-C、I-B、I-A 级环境类别和环境作用等级按现行国家标准《混凝土结构耐久性设计规范》GB/T 50476—2019 的标准确定。

2. 配筋混凝土墙、板构件的一侧表面接触室内干燥空气，另一侧表面接触水或湿润土体时，接触空气一侧的环境作用等级宜按干湿交替环境确定。

3. 表中的规定适用于采用热轧钢筋的钢筋混凝土构件和采用预应力钢丝、钢绞线及热处理钢筋的预应力混凝土构件；当采用其他类别的钢丝或钢筋时，其裂缝控制要求可按专门标准确定。

4. 表中括号内的限值适用于冷拉 I、II、III、IV 级钢筋的预应力混凝土构件。

5. 对于烟囱、筒仓和处于液体压力下的结构构件，其裂缝控制要求应符合专门标准的有关规定。

6. 对于钢筋混凝土构件室内正常环境的屋架、托架、托梁、主梁、吊车梁裂缝宽度大于 0.5mm 的必须处理，而在高湿度环境中构件裂缝宽度大于 0.4mm 的必须处理。

（3）有防水、防气、防射线要求的钢筋混凝土构件或预应力混凝土构件的非荷载裂缝，其宽度在 0.05～0.2mm 时，可使用注射法并结合表面封闭法进行处理；其宽度大于 0.2mm 时，可使用填充密封法进行处理。

（4）钢筋混凝土构件或预应力混凝土构件受剪（斜拉、剪压、斜压）、轴心受压、小偏心受压、局部受压、受冲切、受扭产生的非荷载裂缝，可使用注射法进行处理。

（5）裂缝修补应根据混凝土结构裂缝深度 h 与构件厚度 H 的关系选择处理方法。h 不大于 $0.1H$ 的表面裂缝，应按表面封闭法进行处理；h 在 $0.1～0.5H$ 时的浅层裂缝，应按填充密封法进行处理；h 不小于 $0.5H$ 的深进裂缝以及 h 等于 H 的贯穿裂缝，应按压力注浆法进行处理，并保证注浆处理后界面的抗拉强度不小于混凝土的抗拉强度。

（6）有美观、防渗漏和耐久性要求的裂缝修补，应结合表面封闭法进行处理。

2.2.4 施工和检验

1. 一般规定

（1）裂缝处理应符合国家现行标准《建筑结构加固工程施工质量验收规范》GB 50550—2010、《房屋裂缝检测与处理技术规程》CECS 293：2011 的规定。

（2）在对结构构件进行裂缝处理时，施工单位应针对裂缝修补和加固方案制定施工技术措施。

（3）裂缝处理所用材料的性能，应满足设计要求。

（4）原结构构件表面，应按下列要求进行界面处理：

1）原构件表面的界面处理，应沿裂缝走向及两侧各 100mm 的范围内，打磨平整，清除油垢直至露出坚实的基材新面，用压缩空气或吸尘器清理干净；

2）当设计要求沿裂缝走向骑缝凿槽时，应按施工图规定的剖面形式和尺寸开凿、修整并清理干净；

3）裂缝内的粘合面处理，应按粘合剂产品说明书的规定进行。

（5）胶体材料的调制和使用应按产品说明书的规定进行。

（6）裂缝表面封闭完成后，应根据结构使用环境和设计要求做好保护层。

（7）裂缝处理施工的全过程，应有可靠的安全措施，并应符合下列要求：

1）在裂缝处理过程中，当发现裂缝扩展、增多等异常情况时，应立即停止施工，并进行重新评估处理；

2）存在对施工人员健康及周边环境有影响的有害物质时，应采取有效的防护措施；当使用化学浆液时，尚应保持施工现场通风良好；

3）化学材料及其产品应存放在远离火源的储藏室内，并应密封存放；

4）工作现场严禁烟火，并必须配备消防器材。

2. 施工方法和检验

（1）采用注射法施工时，应按下列要求进行处理及检验：

1）在裂缝两侧的结构构件表面应每隔一定距离粘接注射筒的底座，并沿裂缝的全长进行封缝。

2）封缝胶固化后方可进行注胶操作。

3）灌缝胶液可用注射器注入裂缝腔内，并应保证低压、稳压。

4）注入裂缝的胶液固化后，可撤除注射筒及底座，并用砂轮磨平构件表面。

5）采用注射法的现场环境温度和构件温度不宜低于 12℃，且不应低于 5℃。

6）封缝胶固化后进行压气试验，检查密封效果；观察注浆嘴压入压缩空气值等于注浆压力值时是否有漏气的气泡出现。若有漏气，应用封缝胶修补，直至无气泡出现。

（2）采用压力注浆法施工时，应按下列要求进行处理及检验：

1）进行压力注浆前应骑缝或斜向钻孔至裂缝深处，并埋设注浆管，注浆嘴应埋设在裂缝端部、交叉处和较宽处，间隔为 300～500mm，对贯穿性深裂缝应每隔 1～2m 加设 1 个注浆管；

2）封缝应使用专业的封缝胶，胶层应均匀无气泡、砂眼，厚度应大于 2mm，并与注浆嘴连接密封；

3）封缝胶固化后，应使用洁净无油的压缩空气试压，确认注浆通道通畅、密封、无泄漏；

4）注浆应按由宽到细、由一端到另一端、由低到高的顺序依次进行；

5）缝隙全部注满后应继续稳定压力一定时间，待吸浆率小于 50mL 后停止注浆，关闭注浆嘴。

（3）采用填充密封法施工时，应按下列要求进行处理及检验：

1）进行填充密封前应沿裂缝走向骑缝开凿 V 形槽或 U 形槽，并仔细检查凿槽质量；

2）当有钢筋锈胀裂缝时，凿出全部锈蚀部分，并进行除锈和防锈处理；

3）当设置隔离层时，U 形槽底应为光滑的平底，槽底铺设隔离层，隔离层应紧贴槽底，且不应吸潮膨胀；填充材料不应与基材相互反应；

4）向槽内灌注液态密封材料应灌注至微溢并抹平；

5）静止的裂缝和锈蚀裂缝可采用封口胶或修补胶等进行填充，并用纤维织物或弹性涂料封护；活动裂缝可采用弹性和延性良好的密封材料进行填充封护。

（4）采用表面封闭法进行施工时，应按下列要求进行处理及检验：

1）进行表面封闭前应先清洗结构构件表面的水分，干燥后进行裂缝的封闭；

2）涂刷底胶应使胶液在结构构件表面充分渗透，微裂缝内应含胶饱满，必要时可沿裂缝多道涂刷；

3）粘贴时应排除气泡，使布面平整，含胶饱满均匀；

4）织物沿裂缝走向骑缝粘贴，当使用单向纤维织物时，纤维方向应与裂缝走向相垂直；

5）多层粘贴时，应重复上述步骤，纤维织物表面所涂的胶液达到指干状态时应粘贴下一层。

（5）采用化学材料浇注法施工时，应按下列要求进行处理及检验：

1）进行化学材料浇注前，结构构件应做临时支撑；

2）浇筑槽应分段开凿，每段不得超过 1m，开凿宽度可沿裂缝两侧各 50mm，剔除槽内输送部分并清除杂物，漏浆液的洞、缝可用结构胶泥封堵；

3）材料制备应按产品说明书的要求进行，并保持适当的温度。

（6）采用密实法施工时，应按下列要求进行处理及检验：

1）裂缝两侧 10～20mm 范围应清理干净，并用水冲洗，保持湿润；

2）采用结构胶泥修补裂缝应涂抹严实，并清理表面。

（7）胶液固化 7d 后可采用下列方法进行灌浆质量检验：

1）采用超声法，并应符合现行标准《超声法检测混凝土缺陷技术规程》CECS 21：2000 的规定。

2）采用取芯法随机钻取直径为 50～80mm 的芯样进行检验。取芯位置应避开钢筋且选择裂缝中部，芯样取出后检查裂缝是否填充饱满、密实。有补强要求的，还应对芯样做劈裂强度试验或抗压强度试验，试件不应首先在裂缝修补处破坏；钻芯留下的孔洞应采用强度等级不低于 C30 且高于原构件混凝土一个强度等级的微膨胀细石混凝土或掺有石英砂的植筋胶填塞密实。

3）采用承水法可适用于现浇楼板或围堰类构筑物，承水 24h 不渗漏为合格。

2.2.5 裂缝治理方法

1. 表面修补法

适用于对承载力无影响的表面及深进的裂缝，以及大面积细裂缝防渗漏水的处理。

（1）表面涂抹砂浆法

适用于稳定的表面及深进裂缝的处理。处理时将裂缝附近的混凝土表面凿毛，或沿裂缝（深进的）凿成深 10～20mm、宽 100～150mm 的凹槽，扫净并洒水湿润，先刷水泥净浆一遍，然后用 1：1～1：2 水泥砂浆分 2～3 层涂抹，总厚度为 10～20mm，并压光。有渗漏水时，应用水泥净浆（厚 2mm）和 1：2 水泥砂浆（厚 4～5m）交错抹压 4～5 层，涂抹 3～4h 后，应进行覆盖洒水养护。

（2）表面涂抹结构胶泥（或粘贴玻璃布）法

适用于稳定的、干燥的表面及深进裂缝的处理。涂抹结构胶泥前，将裂缝附近表面灰尘、浮渣清除、洗净并干燥。油污应用有机溶剂或丙酮擦洗干净。如表面潮湿，应用喷灯烘烤干燥、预热，以保证胶泥与基层良好的粘结。较宽裂缝先用刮刀堵塞结构胶泥，涂刷时用硬毛刷或刮板藤取胶泥，均匀涂刮在裂缝表面，宽 80～100mm，一般涂刷两遍。粘贴玻璃布时，一般贴 1～2 层，第二层布的周边应比下面一层宽 10～15mm，以便压边。结构胶泥由结构胶掺加适量水泥等粉料制备，其中结构胶的性能应符合《混凝土结构加固设计规范》GB 50367—2013 的相应规定。

（3）表面凿槽嵌补法

适用于独立的裂缝宽度较大的死裂缝和活裂缝的处理。沿混凝土裂缝凿一条宽 5～6mm 的 V 形、U 形槽，槽内嵌入刚性材料，如水泥砂浆或结构胶泥；或填灌柔性密实材料，如聚氯乙烯胶泥、沥青油膏、聚氨酯以及合成橡胶等密封。表面做砂浆保护层或不做保护层。槽内混凝土面应修理平整并清洗干净，不平处用水泥砂浆填补。嵌填时槽内表面涂刷嵌填材料稀释涂料。当修补活裂缝时仅在两侧涂刷，槽底铺一层塑料薄膜缓冲层，以防填料与槽底混凝土粘合，在裂缝上造成应力集中，将填料撕裂。然后用抹子或刮刀将砂浆（或结构胶泥）嵌入槽内使其饱满压实，最后用 1：2.5 水泥砂浆抹平压光（对活裂缝不做砂浆保护层）。

2. 内部修补法

适用于对结构整体性有影响，或有防水、防渗要求的裂缝修补。

（1）注射法

当裂缝宽度小于 0.5mm 时，可用注射器压入裂缝补强修补用胶。注射时，应在干燥或用热烤时不存在湿气的条件下进行，注射次序从裂缝较低一端开始，针头尽量插进缝内，缓慢注入，使裂缝补强修补用胶在缝内向另一端流动填充，便于缝内空气排出。注射完毕后在裂缝表面涂刷结构胶泥两遍或再加贴一层玻璃布条盖缝。

（2）化学灌浆法

化学灌浆具有粘度低、可灌性好、收缩小以及较高的粘结强度和一定的弹性等优点，恢复结构整体性的效果好。适用于各种情况下的裂缝修补及堵漏、防渗处理。

灌浆材料应根据裂缝的性质、缝宽和干燥情况选用。灌浆材料应符合《混凝土结构加固设计规范》GB 50367—2013 中裂缝补强修补用胶的要求。

灌浆一般采用骑缝直接施灌，表面处理同结构胶泥的表面涂抹。灌浆嘴为带有细丝扣的活接头，用结构胶泥固定在裂缝上，间距为 400～500mm，贯通缝应在两面交叉设置。裂缝表面用结构胶泥（或腻子）封闭。硬化后，先试气了解缝面通顺情况，气压保持 0.2～0.3MPa，垂直缝从下往上，水平缝从一端向另一端，如漏气，可用石膏快硬腻子封闭。灌浆时，将配好的浆液注入压浆罐内，先将活接头接在第一个灌浆嘴上，开动空压机送气（气压一般为 0.3～0.5MPa），即将裂缝修补胶压入裂缝中，待胶液从邻近灌浆嘴喷出后，即用小木塞将第一个灌浆孔封闭，以便保持孔内压力，然后同法依次灌注其他灌浆孔，直至全部灌注完毕。裂缝修补胶一般在 20～25℃下经 16～24h 即可硬化，可将灌浆嘴取下重复使用。在缺乏灌浆设备时，较宽的平、立面裂缝也可用手压泵进行。

3. 结构加固法

适用于对结构整体性、承载能力有较大影响的，表面损坏严重的，表面、深进及贯穿性裂缝的加固处理，一般方法有以下几种：

（1）围套加固法

在周围空间尺寸允许的情况下，在结构外部一侧或三侧外包钢筋混凝土围套以增强钢筋和截面，提高其承载能力。对裂缝严重的构件、尚未破碎裂透或一侧破碎的构件，将裂缝部位钢筋保护层凿去，外包钢丝网一层。如钢筋扭曲已达到极限，则加焊受力短钢筋及箍筋（或钢丝网），重新浇筑一层 35mm 厚细石混凝土加固。大型设备基础一般采取增设围套或钢板带套箍、增加环向抗拉强度的方法处理。对于基础表面的裂缝，一般在设备安装的灌浆层内放入钢筋网及套箍进行加固。加固时，原混凝土表面应凿毛洗净，或将主筋凿出；如钢筋锈蚀严重，应凿去保护层，喷砂除锈。增配的钢筋应根据裂缝程度计算确定。浇筑围套混凝土前，模板与原结构均应充分浇水湿润。模板顶部设八字口，使浇筑面有一个自重压实的高度。采用高一强度等级的细石混凝土，控制水灰比，加适量减水剂，注意捣实，每段一次浇筑完毕，并加强养护。

（2）钢箍加固法

在结构裂缝部位四周用 U 形螺栓或型钢套箍将构件箍紧，以防止裂缝扩大，提高结构的刚度和承载力。加固时，应使钢套箍与混凝土表面紧密接触，以保证共同工作。

（3）预应力加固法

在梁、桁架下部增设新的支点和预应力拉杆，以减小裂缝宽度（甚至闭合），提高结构承载能力，拉杆一般采用电热法建力预应力。也可用钻机在结构或构件上垂直于裂缝方向钻孔，然后穿入钢筋施加预应力使裂缝闭合。钢材表面应涂刷防锈漆两遍。

（4）粘钢加固法

将 3～5mm 厚钢板用结构胶粘剂粘贴到结构构件混凝土表面，使钢板与混凝土结合成整体共同工作。这类胶粘剂有良好的粘结性能，粘结抗拉强度：钢与钢≥33MPa；钢与混凝土，混凝土破坏；粘结抗剪强度：钢与钢≥18MPa；钢与混凝土，混凝土破坏；胶粘剂的抗压强度≥60MPa，抗拉强度≥30MPa。加固时将裂缝部位凿毛刷洗干净，将钢板按要求尺寸剪切好，在粘贴一面除锈，用砂轮打毛（或喷砂处理），在混凝土和钢板粘贴面两面涂覆厚 0.8～1.0m 胶层，然后将钢板粘贴在裂缝部位表面，0.5h 后在四周用钢丝缠绕数圈，并用木楔楔紧，将钢板固定。胶合剂为常温固化，一般 24h 可达到胶粘剂强度的

90％以上，72h 固化完成，卸去夹紧用的钢丝、木楔。加固后，表面涂刷与混凝土颜色相近的灰色防锈漆。

（6）喷浆加固法

适用于混凝土因钢筋锈蚀、化学反应、腐蚀、冻胀等原因造成的大面积裂缝补强加固。先将裂缝损坏的混凝土全部铲除，清除钢筋锈蚀，严重的采用喷砂法除锈，然后以压缩空气或高压水将表面冲洗干净并保持湿润，在外表面加一层钢筋网或钢筋网与原有钢筋用电焊固定，接着在混凝土表面涂一层水泥净浆，以增强粘结。凝固前，用混凝土喷射机喷射混凝土，一般用干法，它是将一定比例配合搅拌均匀的水泥、砂、石子（52.5 级普通硅酸盐比例为：水泥：中粗砂：粒径 3～7mm 的石子＝1：2：1.5～2）干拌料送入喷射机内，利用压缩空气（风压为 0.14～0.18MPa）将拌合料经软管压送到喷枪嘴，在喷嘴后部与通入的压力水（水压 0.3MPa）混合，高速度喷射于补缝结构表面，形成一层密实整体外套。混凝土水灰比控制在 0.4～0.5，混凝土厚度为 30～75mm。混凝土抗压强度为 30～35MPa，抗拉强度为 2MPa，粘结强度为 1.1～1.3MPa。

2.3　基础裂缝及抗裂技术

2.3.1　基础表面出现干缩裂缝

1. 现象

基础表面（特别是养护不良的部位），出现龟裂，裂缝无规则，走向纵横交错，分布不均。

2. 原因分析

（1）混凝土中水泥用量高，水胶比过大，骨料级配不良，砂率过高，采用过量细砂，外加剂保水性差。

（2）粗骨料用量少，造成混凝土拌合物总用水量及水泥浆量大，容易引起混凝土的收缩；粗骨料为砂岩、板岩等，含泥量较大，对水泥浆的约束作用小。

（3）混凝土表面过度振捣，表面形成水泥含量较大的砂浆层，收缩量加大等。

（4）施工现场混凝土重新加水改变稠度，引起收缩值增大。

（5）混凝土浇筑后养护不当（尤其是环境气温高时），受到风吹日晒，表面水分散发快，体积收缩大，而内部温度变化很小，收缩小，表面收缩剧变受到内部混凝土的约束，出现拉应力而引起开裂。

（6）混凝土基础长期处于露天环境，未及时进行回填，时干时湿，表面湿度发生剧烈变化。

3. 预防措施

（1）控制混凝土水泥用量，水胶比和砂率不要过大。

（2）严格控制砂石含泥量，应注意粗骨料粒径、粒形与矿物成分，选用坚固、坚硬的骨料，如白云石、长石、花岗石和石英等；应使用含泥量低的中粗砂，避免使用过量细砂。

（3）宜掺加适量的粉煤灰与外加剂，以改善混凝土的施工性能，减少混凝土的用水量，减少泌水和离析现象。

（4）宜对水泥、掺合料和外加剂等材料进行适应性检验，以保证其相容性。

（5）混凝土应振捣密实，并注意对表面进行二次抹压，以提高抗拉强度，减少收缩量。

（6）施工现场严禁在混凝土中直接加水，如确属因各种原因造成混凝土工作性能不能满足施工要求时，应加入原水胶比的水泥浆或掺加同品种的减水剂，搅拌运输车应进行快速搅拌，搅拌时间应不小于120s；如坍落度损失或离析严重，经补充外加剂或快速搅拌等已无法恢复混凝土拌合物的工艺性能时，不得浇筑入模。

（7）加强混凝土的早期养护，并适当延长养护时间；长期暴露应覆盖草帘（袋）、塑料薄膜，并定期适当洒水，保持湿润，防止曝晒。

4. 治理方法

（1）在基础混凝土初凝前出现的干缩裂缝，可采取二次压光和二次浇灌层加以平整。

（2）对于已固化的混凝土存在的干缩裂缝，可采用如下方法处理：

1）表面涂抹法：涂抹材料应根据结构的使用要求选取，并具有密封性和耐久性，变形性能应与被修补的混凝土性能相近，可选用环氧树脂等，稍大的裂缝也可用水泥砂浆、防水快凝砂浆涂抹。

2）嵌缝法：适用于宽度较大的裂缝，将裂缝部位剔凿成 U 形槽口（当裂缝宽度大于0.3mm 时，也可不凿缝），然后清除浮灰，冲洗干净后涂上一层界面剂，根据裂缝的情况，灌入不同粘度的树脂。

2.3.2 大体积筏形基础混凝土温度收缩裂缝

1. 现象

基础出现温度收缩裂缝，裂缝深度可分为表面、深层或贯穿，开裂方向纵横、斜向均存在，多发生在浇筑完后 2～3 个月或更长时间，部分缝宽受温度变化影响较明显（如冬季宽度扩张，夏季缩小，早晚扩张，中午缩小），从而降低基础的承载力与耐久性。

2. 原因分析

（1）大体积混凝土浇筑后水泥水化热量大，混凝土内部温度高，在降温阶段块体收缩，由于地基或结构其他部分的约束（如在坚硬的岩石地基、桩基或厚大混凝土垫层上），会产生很大的温度应力。这些应力一旦超过混凝土当时龄期的抗拉强度，就会产生裂缝，严重时贯穿整个截面，降低了基础的整体承载能力和结构耐久性。

（2）对于厚度较大的混凝土，由于表面散热快，温度较低，内外温差产生表面拉应力，形成表面裂缝。对于深层裂缝（部分切断结构断面）及表面裂缝，当内部混凝土降温时受到外约束作用，也可能发展为贯穿裂缝。

（3）大体积筏形基础未进行合理的保湿与保温养护。

3. 预防措施

（1）基础混凝土的设计强度等级不宜过高（宜在 C25～C40 的范围内），并可利用混凝土 60d 或 90d 的强度作为混凝土配合比设计、混凝土强度评定及工程验收的依据。

（2）选用中、低热硅酸盐水泥或低热矿渣硅酸盐水泥。大体积混凝土施工所用水泥其3d 的水化热不宜大于 240kJ/kg，7d 的水化热不宜大于 27kJ/kg。

（3）选用级配良好的粗、细骨料，应符合国家现行标准的有关规定，不得使用碱活性骨料；细骨料宜采用洁净中砂，其细度模数宜大于 2.3，含泥量不大于 3%；粗骨料应坚固耐久、粒形良好，粒径为 5～31.5mm，并连续级配，含泥量不大于 1%。

（4）在混凝土中掺适量粉煤灰、减水剂等，以节省水泥用量，降低水胶比。

（5）筏形或箱形基础置于岩石类地基上时，宜在混凝土垫层上设置滑动层，滑动层构造可采用一毡二油或一毡一油（夏季），以减少约束作用，削减温度收缩应力。

（6）大体积混凝土工程施工前，宜对施工阶段大体积混凝土浇筑体的温度、温度应力及收缩应力进行试算，并确定施工阶段大体积混凝土浇筑体的升温峰值、里表温差及降温速率的控制指标，提出必要的粗细骨料和拌合用水的降温、入模温度控制要求（如可采取加冰等措施），制定相应的温控技术方案并严格实施与监控监测。

（7）超长底板混凝土除了留设变形缝、后浇带以释放混凝土温差收缩应力外，也可采用跳仓施工法，跳仓的最大分块尺寸不宜大于 40m，跳仓间隔施工的时间不宜小于 7d，跳仓接缝处按施工缝的要求设置和处理。大体积混凝土也可采取设循环冷凝水管等降低混凝土内部水化热温升以减少里表温差等技术措施。

（8）底板混凝土宜采取分层连续推移式整体连续浇筑施工，充分利用混凝土层面散热，但必须在前层混凝土初凝前，将下一层混凝土浇筑完毕，不留设施工缝；宜采用二次振捣工艺，加强层间混凝土的振捣质量，并及时清除表面泌水。

（9）基础混凝土浇筑完毕后应进行蓄水养护，保证混凝土中水泥水化充分，提高早期相应龄期的混凝土抗拉强度和弹性模量，防止早期出现裂缝。

（10）基础混凝土应按技术方案要求采取保温材料覆盖等保温技术措施，防止混凝土表面散热与降温过快，必要时可搭设挡风保温棚或遮阳降温棚。在保温养护过程中，应对预先布控的测温点进行现场监测（包括混凝土浇筑体的里表温差和降温速率），控制基础内外温差在 25℃以内，降温速度在 1.5℃/d 以内，以充分发挥徐变特性、应力松弛效应，提高混凝土的早期极限抗拉强度，削减温度收缩应力；当实测结果不满足温控指标的要求时，应及时调整保温养护措施。保温覆盖层的拆除应分层逐步进行，当混凝土的表面温度与环境最大温差小于 20℃时，才可全部拆除。

2.3.3　接桩处松脱开裂

1. 现象

接桩处经过锤击后，出现松脱开裂等现象。

2. 原因分析

（1）连接处的表面没有清理干净，留有杂质、雨水和油污等。

（2）采用焊接或法兰连接时，连接铁件不平及法兰平面不平，有较大间隙，造成焊接不牢或螺栓拧不紧。

（3）焊接质量不好，焊缝不连续、不饱满，焊肉中央有焊渣等杂物。接桩方法有误，时间效应与冷却时间等因素影响。

（4）采用硫磺胶泥接桩时，硫磺胶泥配合比不合适，没有严格按操作规程熬制，以及温度控制不当等，造成硫磺胶泥达不到设计强度，在锤击作用下产生开裂。

（5）两节桩不在同一直线上，在接桩处产生曲折，锤击时接桩处局部产生集中应力而破坏连接。上下桩对接时，未作严格的双向校正，两桩顶间存在缝隙。

3. 防治措施

（1）接桩前，对连接部位上的杂质、油污等必须清理干净，保证连接部件清洁。检查校正垂直度后，两桩间的缝隙应用薄铁片垫实，必要时要焊牢，焊接应双机对称焊，一气呵成，经焊接检查，稍停片刻，冷却后再行施打，以免焊接处变形过多。

（2）检查连接部件是否牢固平整和符合设计要求，如有问题，须修正后才能使用。

（3）接桩时，两节桩应在同一轴线上，法兰或焊接预埋件应平整，焊接或螺栓拧紧后，锤击几下再检查一遍，看有无开焊、螺栓松脱、硫磺胶泥开裂等现象，如有应立即采取补救措施，如补焊、重新拧紧螺栓，并把丝扣凿毛或用电焊焊死。

（4）采用硫磺胶泥接桩法时，应严格按照操作规程操作，特别是配合比应经过试验确定，熬制时及施工时的温度应控制好，保证硫磺胶泥达到设计强度。

2.3.4 桩顶碎裂，桩身断裂

1. 现象

在沉桩过程中，混凝土斜桩的桩头容易出现碎裂、桩身断裂现象，严重者柱头混凝土击碎后露出钢筋。

2. 原因分析

（1）设计方面：未考虑工程地质的复杂条件、施工机具的情况以及斜桩悬臂状态等特殊因素；混凝土设计强度偏低，桩顶抗冲击的钢筋网片不足，或应采用预应力桩而未采用，应设置钢帽箍而未设置；斜桩的长细比过大或配筋不足。

（2）施工方面：混凝土配合比不符合设计要求，养护措施不当，导致混凝土强度不足；混凝土振捣不周密，桩头处混凝土存在不平整或蜂窝、孔洞等现象，尤其是钢帽箍阴角内部位；施工机具选择使用不当，锤重小而冲程过大，违反重锤低击原则，造成桩顶受击次数过多，或桩顶最大锤击力超过桩身混凝土极限承载力，或桩帽和桩锤之间的垫衬不当；桩身接头焊缝不饱满或焊缝厚度不足，沉桩至一定深度产生拉应力破坏；锤击沉桩未达到收锤标准就收锤完工，或斜桩悬臂状态过长未设置相应措施，在水流、波浪的荷载作用下产生桩身断裂；预制混凝土桩在运输、吊装中吊点、吊具选择不当或混凝土强度未达到要求就起吊使用。

3. 预防措施

（1）设计方面：应熟悉并校核工程地质勘查报告，必要时提出补勘；合理选择桩端持力层及长桩分段的接头位置；尽量选用或设计高强预应力混凝土管桩或预应力空心方柱，桩顶和接头的构造应合理；控制长桩的长细比，无法达到现行行业标准的规定时应选用钢管桩或型钢桩。

（2）船上沉桩的施工措施：1）专用打桩船舶性能必须满足当地的水文、气象、航道等多方面条件。2）配备包括打桩船、运输桩方驳、拖轮等船组和熟练水上作业的打桩人员。3）配有桩从陆上预制加工地点转到水上运输的机械设备和码头。4）沉桩需要水陆配合，在陆地测量人员指挥下进行，以防打桩船在锚泊后晃动影响沉桩质量，特别注意倾角应结合桩架刻度和倾角器校核。基桩开始打前几击时，应用冷锤（不给油着锤），若发现跑位倾斜过大应重新校正或拔出重打。5）沉桩的桩锤应与斜桩轴线同心，桩帽与桩锤之间的垫衬应用竖纹硬木且厚度不小于 150mm；沉桩的先后顺序应适应打桩船的性能，避免某些桩无法施工。6）要掌握施工地区的气候及水文变化规律，编制专项沉桩施工方案。7）沉桩的最后贯入度与收锤标准的确定，应结合工程地质条件、基桩情况及打桩设备的性能，防止机损桩坏。8）长斜桩接头应校正两桩间隙，用薄铁片垫实焊牢，焊缝饱满，沉桩结束后应采用临时固定（夹桩）措施，可与已沉入的竖桩或斜桩组合连接。9）超长桩（$L>55m$）特别是俯打桩时，泥面以上的悬臂段很长，开锤施工很容易断桩，需要特制一只活动替板，用钢丝绳系挂，替板的位置宜在悬臂段的中部。超长桩起吊时，采用八点二组滑车吊桩方法。10）超长桩或大直径（边长）桩往往应用重锤或重型液压锤沉桩，打桩船的起吊能力和桩架长度均应满足要求。

4. 治理方法

（1）发现桩头碎裂或桩身断裂，应立即停止施工，各方会同研究处理方法。

（2）桩头轻度裂缝，可加厚或更换减振垫后继续施工。

（3）桩头严重碎裂，应剔平后用钢板套补强，钢板套安装前用高等级干硬性水泥砂浆铺平垫实，用环氧树脂粘结钢板套，再将钢板套的面板与植筋穿孔焊接。

（4）水位以上桩身轻度裂缝处用环氧树脂粘贴碳纤维布数层，桩身严重裂缝者或水位以下无法修补者应补桩。

2.3.5　接桩处松脱开裂

1. 现象

钢管桩接桩焊缝处经过锤击，出现松脱、开裂等现象。

2. 原因分析

（1）钢桩接头连接处留有浮锈、油污等杂质，焊接前未清除干净。

（2）采用焊接或法兰连接时，连接件及法兰不平，有较大间隙，造成焊接不牢或螺栓拧不紧。

（3）上下节接桩前轴线不垂直，偏心部位锤击时产生应力集中，破坏连接焊缝。

（4）焊接质量不好，焊缝不连续、不饱满，有夹渣、咬肉等现象；或焊接现场施焊时未考虑季节接桩要求，造成接桩质量差。

（5）法兰连接时，螺栓拧入后未做紧固处理，造成锤击产生强大振动，有松扣现象。

（6）遇到坚硬大块障碍物或坚硬较厚的砂、砂卵石夹层，穿入困难，经长时间大能量锤击，造成接头处松脱开裂。

3. 防治措施

（1）钢桩接桩前，对连接部位上的浮锈、油污等杂质必须清理干净，保证连接部件清洁。

（2）下节桩顶经锤击后的变形部分应割除，以保证顺利平整地接桩。

（3）上下节接桩焊接时，将锥形内衬箍放置在下节桩内侧的挡块上，紧贴桩管内壁并分段点焊，然后吊接上节桩，其坡口搁在焊道上，使上下节桩对口的间隙为 2～4mm，再用经纬仪校正垂直度，在下节桩顶端外周安装好铜夹箍，再进行电焊。

（4）焊接应对称连续分层进行，管壁厚小于 9mm 的分 2 层施焊，管壁厚大于 9mm 的分 3 层施焊。

（5）应有防寒、防雨等季节焊接措施；冬季气温低于－5℃时不得焊接，夏季雨天，无可靠措施确保焊接质量时，不得焊接。

（6）法兰连接螺栓拧紧后，螺帽应点焊或螺纹凿毛，以免较长时间锤击造成松动脱扣。

（7）焊接质量应符合现行国家标准的规定，每个接头除外观检查外，还应按接头总数的5%做超声波或2%做X射线检查，在同一工程内，探伤检查不得少于3个接头。

2.3.6　护壁混凝土开裂或坍塌

1. 现象

人工挖孔过程中，出现塌孔，成孔困难。

2. 原因分析

（1）遇到了复杂地层，出现上层滞水，造成塌孔。

（2）遇到了干砂或含水的流沙。

（3）地质报告粗糙，勘探孔较少，施工方案未能考虑周全，施工准备不足，特别是直径大、孔深又有扩底的情况下。

（4）地下水丰富，措施不当，造成护壁困难，使成孔更加困难。

（5）雨季施工，成孔困难。

3. 防治措施

（1）人工挖孔要有详细的地质与水文地质报告，必要时每孔都要有探孔，以便事先采取防治措施。

（2）遇到上层滞水、地下水，出现流沙现象时，应采取混凝土护壁的办法，例如使用30～50cm高短模板减小高度，加配筋，上下两节护壁搭接长度不得小于5cm，混凝土强度等级同桩身，并使用速凝剂，随挖随验随浇筑混凝土。

（3）遇到塌孔，还可采用预制水泥管、钢套管、沉管护壁的办法。

（4）混凝土护壁的拆模时间应在24h之后进行。塌孔严重部位也可采取不拆模永久留入孔中的措施。

（5）水量大、易塌孔的土层，除横向护壁，还要防止竖向护壁滑脱，护壁间用纵向钢筋连接，打设护壁土锚筋。必要时也可用孔口吊梁的办法（桩身混凝土浇灌时拆除）。

（6）雨季施工，孔口做混凝土护圈，或设排水沟抽排水。

（7）护壁混凝土应随挖随验随浇筑，不得过夜。必要时采取降水措施。

（8）正式开挖前要做试验挖桩，以校核地质、设计、工艺是否满足要求。

（9）人工挖孔桩应采取跳挖法，特别是有扩底的挖孔桩，应考虑扩孔直径采取相应措施，以免塌孔贯穿。

（10）扩大头部位若砂层较厚，地下水或承压水丰富难于成孔，可采用高压旋喷技术人工固结，再进行挖孔。

2.3.7　井筒裂缝

1. 现象

井筒制作完毕后在沉井壁上出现纵向或水平裂缝，有的出现在隔墙上或预留孔四角。

2. 原因分析

(1) 沉井支设在软硬不均的土层上未进行加固处理，地基出现不均匀沉降造成井筒裂缝。

(2) 沉井支设垫木（垫架）位置不当（或间距过大），使沉井早期出现过大弯曲应力而造成裂缝。

(3) 拆模时垫木（垫架）未按对称均匀拆除，或拆除过早，强度不够，而使沉井局部产生过大拉应力，导致出现纵向裂缝。

(4) 沉井筒壁与内隔墙荷载相差悬殊，沉陷不均而产生较大的附加弯矩和剪应力，造成裂缝。而洞口处截面削弱，强度较低，应力集中，故常会在洞口两侧出现裂缝。

(5) 矩形沉井外壁较厚，刚度较大，温度收缩时因内隔墙被外壁约束出现温度收缩裂缝。

3. 预防措施

(1) 遇软硬不均的地基应做砂垫层或垫褥处理，使其受力均匀且在地基允许承载力范围以内。

(2) 沉井刃脚处支设垫木（垫架）的位置应适当，并应使地基受力均匀，垫木（垫架）间距应根据计算确定。

(3) 拆除垫架时，大型沉井应达到设计强度的 100%，小型沉井应达到 70%。

(4) 拆除刃脚垫木（垫架）时，应分区、分组、依次、对称、同步地进行，先抽除一般垫木（垫架），后拆除定位垫架。

(5) 沉井筒壁与内隔墙支模应能使作用于地基的荷载基本均匀，对沉井孔洞薄弱部位应在四角增设斜向附加钢筋以加强。

(6) 矩形沉井在外壁与内隔墙交接处应适当配置温度构造钢筋。

4. 治理方法

(1) 对表面裂缝可采用涂两遍环氧胶泥（或再加贴环氧玻璃布）以及抹、喷水泥砂浆等方法进行处理。

(2) 缝宽小于 0.1mm 的裂缝可不处理或只进行表面处理；对缝宽大于 0.1mm 的深进或贯穿性裂缝，应根据裂缝可灌程度采用灌水泥浆或化学浆液（环氧或甲凝浆液）的方法进行裂缝修补，或者采用灌浆与表面封闭相结合的方法进行处理。

2.3.8　沉井拆除垫架后出现裂缝或断裂

1. 现象

沉井刃脚没有达到设计要求的混凝土强度，就拆除垫架或抽出垫木，在刃脚、井身出现裂缝或断裂情况。

2. 原因分析

沉井本身自重很大，依靠设置在刃脚底部的垫架、垫木或砖座将沉井荷载均匀传递到地基上，刃脚混凝土强度没有达到设计要求，强度不足，就拆除垫架、抽出垫木或拆除砖座，会使地基产生较大的不均匀沉陷，从而导致刃脚、井身产生裂缝，甚至断裂，造成质量事故。

3. 防治措施

刃脚垫架拆除、垫木抽出，首节应达到 100% 的设计强度，第二节应达到设计强度的

70％方可进行，并应按一定次序进行。圆形沉井先拆除一般垫架（垫木，下同），后拆定位垫架；矩形沉井，先拆（抽）除内隔墙下垫架，然后分组、对称地抽除外墙两短边下的垫架，再抽长边下一般垫架，最后同时抽取定位垫架，抽除应按刃脚开裂损坏、外形不正的防治措施进行，以防开裂。

2.3.9　下沉裂缝

1. 现象

沉井下沉过程中，在沉井竖壁上出现纵向或水平方向裂缝，有的集中在隔墙上，或预留孔洞口两侧。

2. 原因分析

（1）沉井下沉时被大孤石、漂石或其他障碍物搁住，使井壁产生过大拉应力而造成裂缝。

（2）圆形沉井下沉过程中，由于过大的倾斜受侧向不均匀土压力作用或一侧突然下沉，常导致在井壁内侧或外侧产生竖向裂缝。

（3）沉井下沉时，当刃脚踏面脱空，沉井被上部土体挤紧而悬挂在土层中，在井墙内可能出现较大的竖向拉力，而将井筒水平拉裂。

3. 预防措施

（1）做好地质勘察工作，深3m以内障碍物应在沉井制作、下沉前挖除，下沉时采取先钎探、挖除障碍物再挖土下沉。

（2）考虑沉井受侧向不均匀土压力作用，按实测内摩擦角加减5°～8°计算井壁强度，提高受不均匀荷载强度的能力。下沉过程中注意避免过大的倾斜和突然下沉。

（3）考虑沉井脱空情况，验算竖向钢筋，一般按自重的25％～65％计算其最大拉断力，或按最不利情况（在墙高度分节接头处即施工缝位置）计算最大拉断力。

4. 治理方法

参见"2.3.7　井筒裂缝"的治理方法。

2.3.10　地基不均匀沉降引起墙体裂缝

1. 现象

（1）斜裂缝一般发生在纵墙的两端，多数裂缝通过窗口的两个对角，裂缝向沉降较大的方向倾斜，并由下向上发展。横墙由于刚度较大（门窗洞口也少），一般不会产生太大的相对变形，故很少出现这类裂缝。裂缝多出现在底层墙体，向上逐渐减少，裂缝宽度下大上小，常常在房屋建成后不久就出现，其数量及宽度随时间而逐渐发展。

（2）窗间墙水平裂缝一般在窗间墙的上下对角处成对出现，沉降大的一边裂缝在下，沉降小的一边裂缝在上。

（3）竖向裂缝发生在纵墙中央的顶部和底层窗台处，裂缝上宽下窄。当纵墙顶层有钢筋混凝土圈梁时，顶层中央顶部竖直裂缝则较少。

2. 原因分析

（1）斜裂缝主要发生在软土地基上的墙体中，由于地基不均匀下沉，使墙体承受较大的剪切力，当结构刚度较差、施工质量和材料强度不能满足要求时，导致墙体开裂。

（2）窗间墙水平裂缝产生的原因是地基沉降量较大，沉降单元上部受到阻力，使窗间墙受到较大的水平剪力，而发生上下位置的水平裂缝。

（3）房屋底层窗台下竖直裂缝产生的原因是窗间墙承受荷载后，窗台墙起着反梁作用，特别是较宽大的窗口或窗间墙承受较大的集中荷载情况下（如礼堂、厂房等工程），建在软土地基上的房屋，窗台墙因反向变形过大而开裂，严重时还会挤坏窗口，影响窗扇开启。另外，地基如建在冻土层上，由于冻胀作用也可能在窗台处发生裂缝。

3. 预防措施

（1）加强地基探槽工作。对于较复杂的地基，在基槽开挖后应进行普遍钎探，待探出的软弱部位进行加固处理后，方可进行基础施工。

（2）合理设置沉降缝。凡不同荷载（高差悬殊的房屋）、长度过大、平面形状较为复杂、同一建筑物地基处理方法不同和有部分地下室的房屋，都应从基础开始分成若干部分，设置沉降缝使其各自沉降，以减少或防止裂缝产生。沉降缝应有足够的宽度，操作中应防止浇筑圈梁时将断开处浇在一起，或砖头、砂浆等杂物落入缝内，致使房屋不能自由沉降而发生墙体拉裂现象。

（3）加强上部结构的刚度，提高墙体抗剪强度。由于上部结构刚度较强，可以适当调整地基的不均匀下沉。故应在基础顶面处（±0.000）及各楼层门窗口上部设置圈梁，减少建筑物端部门窗数量。设计时，应控制长高比不要过大。操作中严格执行规范规定，如砖浇水润湿程度、改善砂浆和易性、提高砂浆饱满度、在施工临时间断处留置斜槎等。对于非抗震设防地区及抗震设防烈度为 6、7 度地区的房屋，当留置直槎时，也应留成阳槎，并按规定加设拉结筋，严禁留置阴槎、不设拉结筋的做法。

（4）宽大窗口下部应考虑设混凝土梁或砌反砖拱以适应窗台反梁作用的变形，防止窗台处产生竖直裂缝，为避免多层房屋底层窗台下出现裂缝，除了加强基础整体性外，应采取在灰缝内设置通长钢筋的方法来加强。另外，窗台部位也不宜使用过多的半砖砌筑。

4. 治理方法

（1）对于沉降差不大，且已不再发展的一般性细小裂缝，因不会影响结构的安全和使用，采取砂浆堵抹或压力注浆法即可。

（2）对于不均匀沉降仍在发展、裂缝较严重且在继续开展的情况，则应本着先加固地基后处理裂缝的原则进行。一般可采用桩基托换方法来加固，即沿基础两侧布置灌注桩，上设抬梁，将原基础圈梁托起，防止地基继续下沉。然后根据墙体裂缝的严重程度，分别采用填缝法、压浆法、外加网片法、置换法进行处理。

2.4　墙体裂缝及抗裂技术

2.4.1　温度变化引起的墙体裂缝

1. 现象

（1）八字裂缝。出现在顶层纵墙的两端（一般在 1～2 开间的范围内），严重时可发展到房屋 1/3 长度内，有时在横墙上也可能发生。裂缝宽度一般中间大、两端小。当外纵墙两端有窗时，裂缝沿窗口对角方向裂开。

（2）水平裂缝。一般发生在平屋顶屋檐下或顶层圈梁下 2～3 皮砖的灰缝位置，裂缝一般沿外墙顶部断续分布，两端较中间严重，在转角处，往往形成纵、横墙相交而成的包角裂缝。

（3）竖向裂缝。对于一些长度较大的房屋，在纵墙中间部位可能出现竖向裂缝，裂缝宽度中间大、两端小。

2. 原因分析

（1）八字裂缝一般发生在平屋顶房屋顶层纵墙面上，这种裂缝的产生，往往是在夏季屋顶圈梁、挑檐混凝土浇筑后，保温层未施工前，由于混凝土和砖砌体两种材料线胀系数的差异（前者比后者约大一倍），在较大温差情况下，纵墙因不能自由缩短而在两端产生八字裂缝。无保温屋盖的房屋，经过夏、冬季气温的变化，也容易产生八字裂缝。裂缝之所以发生在顶层，还由于顶层墙体承受的压应力较其他各层小，从而砌体抗剪强度比其他各层要低的缘故。

（2）檐口下水平裂缝、包角裂缝以及在较长的多层房屋楼梯间处，楼梯休息平台与楼板邻接部位发生的竖直裂缝，以及纵墙上的竖直裂缝，产生的原因与上述原因相同。

3. 预防措施

（1）合理安排屋面保温层施工。由于屋面结构层施工完毕至做好保温层，中间有一段时间间隔，因此屋面施工应尽量避开高温季节，同时应尽量缩短隔时间。

（2）屋面挑檐可采取分块预制或者顶层圈梁与墙体之间设置滑动层。

（3）按规定留置伸缩缝，以减少温度变化对墙体产生的影响。伸缩缝应清理干净，避免碎砖或砂浆等杂物填入缝内。

（4）混凝土砖、蒸压砖的生产龄期达到 28d 后，方可用于砌体的施工。

（5）砌筑烧结普通砖、烧结多孔砖、蒸压灰砂砖、蒸压粉煤灰砖砌体时，砖应提前 1～2d 适度湿润，不得采用干砖或吸水饱和状态的砖砌筑。砖湿润程度宜符合下列规定：

1）烧结类砖的相对含水率为 60%～70%；

2）混凝土多孔砖及混凝土实心砖不需浇水湿润，但在气候干燥炎热的情况下，宜在砌筑前对其喷水湿润；

3）其他非烧结类砖的相对含水率为 40%～50%。

4. 治理方法

此类裂缝一般不会危及结构的安全，且 2～3 年后将趋于稳定，因此，对于这类裂缝可待其基本稳定后再做处理。与"2.3.10 地基不均匀沉降引起墙体裂缝"中治理方法基本相同。

2.4.2 砌体结构荷载裂缝

1. 现象

（1）受压墙、柱沿受力方向产生缝宽大于 2mm、缝长超过层高 1/2 的竖向裂缝，或产生缝长超过层高 1/3 的多条竖向裂缝。

（2）支承梁或屋架端部的墙体或柱截面因局部受压产生多条竖向裂缝，或裂缝宽度已超过 1mm。

（3）墙柱因偏心受压产生水平裂缝，裂缝宽度大于 0.5mm。

(4) 墙柱刚度不足，出现挠曲，且在挠曲部位出现水平或交叉裂缝。

(5) 砖过梁中部产生明显的竖向裂缝，或端部产生明显的斜裂缝，或支承过梁的墙体产生水平裂缝。

(6) 砖筒拱、扁壳、波形筒拱、拱顶沿母线出现裂缝。

(7) 其他显著影响整体结构性的裂缝。

2. 原因分析

(1) 大梁下面墙体竖向裂缝，主要由于未设梁垫或梁垫面积不足，砖墙局部承受荷载过大所引起。

(2) 墙体厚度不足，或未砌砖垛。

(3) 砖和砂浆强度偏低，施工质量差。

3. 预防措施

(1) 有大梁集中荷载作用的窗间墙，应有一定的宽度（或加墙垛）。

(2) 跨度大于 6m 的屋架和跨度大于下列数值的梁，应在支承处砌体上设置混凝土或钢筋混凝土垫块；当墙中设有圈梁时，垫块与圈梁宜浇成整体，当大梁荷载较大时，墙体尚应考虑横向配筋：

1) 对砖砌体为 4.8m；

2) 对砌块和料石砌体为 4.2m；

3) 对毛石砌体为 3.9m。

(3) 当梁跨度不小于下列数值时，其支承处宜加设壁柱，或采取其他加强措施：

1) 对 240mm 厚砖墙为 6m，对 180mm 厚砖墙为 4.8m；

2) 对砌块、料石墙为 4.8m。

(4) 对宽度较小的窗间墙，施工中应避免使用断砖和留脚手眼。

4. 治理方法

(1) 由于此类裂缝属于受力裂缝，处理的宽度限值，应按表 2.4.1 的规定选取。

砌体结构构件裂缝处理的宽度限值表（mm）　　　　　表 2.4.1

项目	构件类别	
	主要构件	一般构件
（A）必须处理的裂缝宽度	>1.5	>5.0
（B）宜处理的裂缝宽度	0.3~1.5	1.5~5.0
（C）不须处理的裂缝宽度	<0.3	<1.5

注：表中数据系指室内正常环境下裂缝处理的宽度限制，其他情况应根据环境恶劣程度相应减小。

(2) 首先应由设计部门根据砖和砂浆的实际强度，并结合施工质量进行复核验算，如果局部受压不能满足规范要求，可会同施工部门采取加固措施。处理时，可选择外加钢筋混凝土面层加固法、外加钢筋网片水泥砂浆面层加固法、外包型钢加固法等方法进行加固处理。加固作业面覆盖裂缝时可不进行裂缝修补。对于情况严重者，为确保安全，必要时在处理前应采取临时加固措施，以防墙体突然性破坏。

第3章　装配整体式剪力墙结构施工及裂缝综合控制技术

3.1　施工工艺原理

装配整体式剪力墙结构是国内装配式建筑主要的一种新型结构体系。竖向筒体及部分重要部位墙体现浇（根据设计而定），其余竖向构件剪力墙、柱采用预制，水平构件板、梁、阳台板采用叠合形式，楼梯预制，竖向构件连接节点采用浆锚连接，水平构件与竖向构件连接节点及水平构件间连接节点采用预留钢筋叠合现浇连接，形成整体结构体系。

3.2　施工工艺流程

装配整体式剪力墙结构构配件安装施工工艺流程如图 3.2.1 所示。

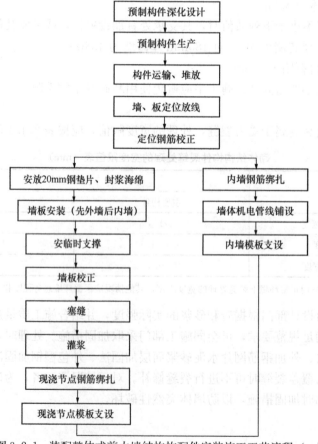

图 3.2.1　装配整体式剪力墙结构构配件安装施工工艺流程（一）

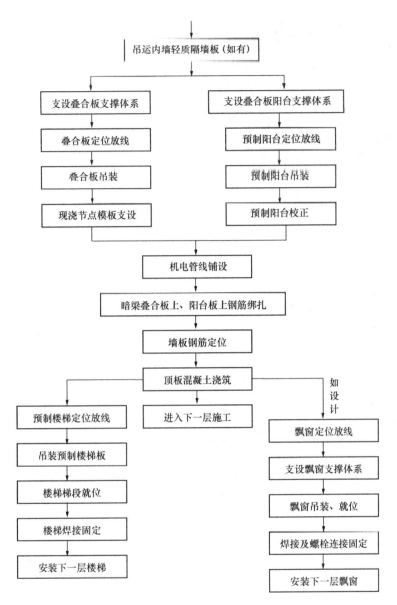

图 3.2.1　装配整体式剪力墙结构构配件安装施工工艺流程（二）

3.3　现场准备工作

1. 预制构件深化设计

在构件加工前，须对构件图纸进行深化，将原有设计图纸深化为施工图纸。预制构件加工图的深化设计应包括预制构件的平立面布置图、配筋图、连接构造节点及预留预埋配件详图等，应标明构件重心、构件吊装自重、吊点布置和可调钢支柱的安装支撑点，以及对拉螺栓位置尺寸、吊点位置尺寸、斜撑位置尺寸等施工配套接驳器，深化施工图须由技术部门认可后方可作为预制构件加工依据。装配式构件预制厂如图 3.3.1 所示。

图 3.3.1　装配式构件预制厂

2. 技术准备

熟悉合同、图纸及规范，编制详细的施工方案、各分项工程技术交底、专项工艺评定等，做好各项施工技术准备，主要工作如下：

（1）根据设计要求编制方案；

（2）根据设计图纸编制施工预算，准备有关合同资料；

（3）准备有关材质检验试验资料；

（4）报送有关施工资料；

（5）组织有关人员熟悉图纸，学习有关规范，向作业人员进行技术安全交底。

3. 人员准备

（1）成立项目经理部，全面履行合同，对工程施工进行组织、指挥、管理、协调和控制。

（2）项目经理部本着科学管理、精干高效、结构合理的原则，选配具有较高管理素质、施工经验丰富、服务态度良好、勤奋实干的工程技术和管理人员，组成项目管理层。

（3）作业层由专业公司调配有丰富施工经验的参加过同类工程施工的技师、技术工人为主组成作业班组，确保优质高速地完成施工任务。

（4）施工组织机构人员职责见表 3.3.1。

施工组织机构人员主要职责　　　　　　　　　　　表 3.3.1

序号	部门	人员数量	主要职责
1	项目经理		全面负责施工生产工作，并对安全质量负全责
2	生产经理		负责项目队的生产安装，保证工期、安全、质量，负责协调和土建施工进度平衡工作
3	技术负责人		负责管理领导技术质量部的工作
4	技术质量部		解决施工中的技术问题，执行好施工组织设计和安装工艺流程方案，负责各工序的验收工作，负责安装工程的全部质量检查验收工作
5	工程部		抓好现场人员调配工作，解决突发生产问题，负责构件进场顺序的安排
6	安全员		负责安装工程的全部安全检查工作
7	质检员		负责加工厂构件质量的检查和进度的监督
8	合计		项目经理部人员组成

4. 材料准备

制订材料供应计划，组织相关材料和机械设备进场。机械设备应做好检修和保养，保证完好率。

（1）提前准备预制构件生产前的孔洞位置留置、构件预留连接件构件、吊点形式布置及预埋件材料准备，项目分包方准备预制构件安装前的吊梁吊架、竖向支撑、斜向支撑及外挂式脚手架制作及相应材料准备。

（2）预制构件进场后，现场施工质检员组织对构件自检验收。验收内容应包括：构件的质量保证资料是否齐全；构件的外形几何尺寸是否与图纸相符；误差是否超标；是否与要求发货数量相符。预制构件吊装须经项目技术负责人同意并严格核对相应检测报告内容。自检通过后报请监理审验、批准，方可进入安装工序，且吊装时龄期不得低于 28d，抗压强度实际值不得低于设计要求。

（3）提前做好灌浆机、灌浆料、浆料配比仪、堵缝胶条等机械材料的准备工作，并按照预制构件施工培训方案进行工人的预制构件注浆培训工作。

5. 交接准备

（1）对测量基准点、轴线等进行复核。

（2）了解现场水源、电源及排水设施的配置情况。

（3）了解业主对现场临时设施的规划部署。

6. 主要机械及设备用量计划

（1）主要吊装机械

根据工程结构形式、场地条件的要求和拟采用的工厂制作现场情况选用汽车吊、塔式起重机、人货施工电梯等主要机械。

（2）预制构件安装用机械设备材料

主要起重设备、焊接设备、安装测量设备根据具体工程实施情况选用。

7. 施工准备

项目部的组织机构严格按照施工组织设计进行，严格遵守承诺，组织富有经验及有能力的吊装施工人员来进行构件的装配施工，机构的设置及劳动力的组织情况和吊装所需材料、机械、工器具计划见表 3.3.2～表 3.3.5。

劳动力组织配备表　　　　　　　　　　表 3.3.2

	工种	数量	进场时间	备注
操作人员	起重指挥			吊装、翻身、就位全部工作
	起重工			吊装运输全部工作
	电气焊工			电气焊工　人
	吊车司机			25t
	汽车司机			构件场内、外运输

注：进场构件装配施工的操作人员应接受必要的培训，考核通过后方可上岗操作，待确定构件装配施工日期前报监理项目部审核。

吊装主要材料计划表　　　　　　　　　　表 3.3.3

序号	名称	数量	规格	说明
1	方木		2000mm×220mm×160mm	预制板翻身、支垫板等
2	方木		1000mm×100mm×100mm 1500mm×100mm×100mm	支垫预制板
3	木楔		250mm×100mm×100mm 300mm×50mm×50mm	预制板吊装用
4	架子管	按需提供	6m、4m、2m	临时固定加固

吊装所需主要机械计划表　　　　　　　　　　　表 3.3.4

序号	名　称	规格型号	数量	用途	进场时间
1	轮胎式起重机	25t		预制梁翻身、就位、倒运	
2	构件运输车	20t		场外预制构件运输	
3	轻型汽车			小型材料、人员进场	

注：起重机、运输车吨位根据构件大小进行调整。

吊装所需主要工器具计划表　　　　　　　　　　表 3.3.5

序号	名称	数量	规格	说明
1	钢丝绳		6mm×37mm	起吊主绳，内外墙板、楼梯阳台板等(5t 吊重)
2	卡环		17.5 号	
3	白棕绳		$\phi21.5$	引导绳
4	钢钎		2m	
5	手动葫芦		3t	
6	梯子			
7	撬棍			

注：具体吊装所需主要工器具规格根据预制构件尺寸和重量选用。

8. 转换层工作准备

（1）转换层墙体钢筋定位措施

1）垂直方向采用竖向梯子筋控制墙体水平筋间距及保护层厚度，根据墙体长度，按不大于 1.5m 的间距（短墙居中设置一道）放置，与墙体钢筋同时绑扎，梯子筋比墙筋大一个规格以替代墙体钢筋。在梯子筋上、中、下部设三道顶模筋，顶模筋长度比成型墙宽小 2mm，控制保护层，顶模筋伸出长度＝水平筋筋直径＋保护层厚度－1mm，顶模筋端部垂直，无飞边，端头刷防锈漆（图 3.3.2）。

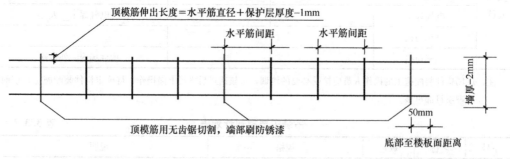

图 3.3.2　梯子筋、顶模筋

2）水平方向在墙体模板上口加设水平梯子筋，对墙体上部竖筋准确定位，同时控制保护层，可周转使用，水平梯子筋比墙筋大一个规格。水平梯子筋如图 3.3.3 所示。

（2）转换层楼面混凝土浇筑施工时，项目部需派专人安排测量人员用水准仪根据楼面标高水平控制点检查楼面浇筑标高，尤其是内外墙根部位置标高，以免影响后期预制墙体安装（图 3.3.4）。

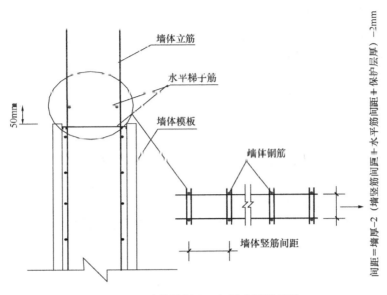

图 3.3.3　墙体模板上口加设水平梯子筋

（3）钢筋工施工班组需在转换层楼面混凝土浇筑前，在楼面标高以上 5cm 位置安放一道水平定位梯子筋，梯子筋安放完成后再用定型模具逐个检查校正。根据图纸布设要求严格控制好墙体竖向钢筋间距，并在混凝土浇筑作业时，派足够数量人员检查，发现钢筋移位及时恢复。

（4）转换层楼面混凝土浇筑完毕后，测量放线人员及时放楼层墙体边线及控制线，根据边线用定型钢模具再加以校正，将偏心钢筋用钢管调直。

图 3.3.4　转换层楼面测量放线

9. 预制构件的运输、装卸及码放

（1）预制构件的运输

1）装卸构件时应考虑车体平衡。

2）运输时采取绑扎固定措施，防止构件移动或倾倒。

3）运输竖向薄壁构件时应根据需要设置临时支架。

4）预制构件上车后，用帆布带横向绑紧预制构件，用铁卡卡住预制构件顶部，并用连接块在两边扎紧，使预制构件稳固。对构件边角或连锁接触处的混凝土，采用垫衬加以保护。

5）平面墙板可根据施工要求选择叠层平放的方式运输。

6）对于复合保温或形状特殊的墙板宜采用插放架、靠放架直立堆放，靠放架应有足够的强度和刚度，并需支垫稳固，并宜采取直立运输方式。

7）对采用靠放架立放的构件，宜对称靠放且外饰面朝外，与地面倾斜角度宜大于80°，构件上部采用木垫块隔离。

8）预制构件在运输时应特别注意对成品的保护措施，由于上述环节导致制成品无法满足本工程质量要求的，应视为不合格品，不得进入施工现场。

9）预制构件在出货前检查如下事项并认真校核相应出厂资料：

① 成品装车前检查其外观是否有崩烂、损坏；

② 检查成品的预埋件等是否完好无损；

③ 外伸钢筋是否清洁干净；

④ 成品上盖的印章是否齐全。

10）预制构件在运输时不得损坏相应标志内容，包括使用部位、构件编号、铭牌等。由于上述环节导致的构件无法识别时，由构件厂派专员进行相应标志内容的恢复。

11）预制构件在运输时车速控制在 40km/h 以内，并选择路况平坦、交通畅通之行驶路线进行运输，遵守交通法规及地方交通管控。

12）预制构件相应资料转交现场管理人员，并经监理单位验收合格后方可安排构件卸货工作。

（2）预制构件的装卸

1）预制构件的装卸位置应位于起重装置吊运范围之下，严禁超负荷起吊。

2）预制构件在装卸时严格按起吊点装卸，严禁偏心起吊（图 3.3.5）。

图 3.3.5 预制构件吊装与装卸

3）预制构件装卸前必须检查作业环境、吊索具、防护用品。当吊装区域无闲散人员、障碍已排除、吊索具无缺陷、捆绑正确牢固、被吊物与其他物件无连接，确认安全后方可作业。

4）大雨及风力六级以上（含六级）等恶劣天气，必须停止露天起重吊装作业。

5）挂钩工必须相对固定并熟知下列知识和操作能力：

① 必须服从指挥信号的指挥；

② 熟练运用手势、旗语、哨声的使用；

③ 熟悉起重机的技术性能和工作性能；

④ 熟悉常用材料重量、构件的重心位置及就位方法；

⑤ 熟悉构件的装卸、运输、堆放的有关知识；

⑥ 能正确使用吊、索具和各种构件的栓挂方法。

6）作业时必须执行安全技术交底，听从统一指挥。

7）使用起重机作业时，必须正确选择吊点的位置，合理穿挂索具、试吊。除指挥及挂钩人员外，严禁其他人员进入吊装作业区。

8）起吊及落钩时，速度不宜过快，专人扶直就位，做到平缓起落，防止构件相互碰撞。

（3）预制构件的码放

1）预制构件应按种类进行合理分区堆放。存放场地应平整坚实，应满足地基承载力、构件承载力和防倾覆等要求，并应有排水设施。

2）预制构件的码放应预埋吊件向上，标志向外；垫木或垫块在构件下的位置应与吊装、脱模时的位置一致。

3）重叠堆放构件时，每层构件的枕木或垫块应在同一垂直线上。

4）堆垛层数应根据构件与垫块或垫木的承载能力及堆垛的承载能力确定。水平分层堆放时，应分型号码垛，预制楼板每垛不宜超过 6 块，预制墙板每垛不宜超过 5 块。

5）预制构件在装卸和码放时宜在构件与刚性搁置点处稳塞柔性垫片。

6）预制构件在码放时严禁损坏一切预埋件，码放时需注意对预埋件原有保护措施的恢复。

7）堆放区周边设置防护栏杆，并于醒目位置提醒非吊装作业人员严禁入内，堆放场地必须坚实平坦，预制墙板应与地面成 90°垂直稳固码放，严禁出现角度偏移。

8）各预制构件码放严格按照构件归结叠放图执行（图 3.3.6）。

图 3.3.6　预制构件码放与搬运

10. 吊具类别及选择

（1）起吊工具形式

构件吊装机械主要采用塔式起重机，并确保全覆盖。预制墙板吊装采用内置螺母（板类）和吊钩（墙体类）两种形式。吊点位置详见预制构件深化图，吊点验算详见厂家计算书。吊点布置的原则有：

1）满足吊点本身锚固强度要求；

2）满足承载力要求；

3）满足构件整体平衡原则；

4）附件保险原则，预制墙板除钢丝绳与吊梁连接外，为保险起见，有门窗的预制件需同时增设帆布带与吊梁连接，无门窗的预制构件增设一个吊钉连接。

考虑到预制板吊装受力问题，采用吊架、吊梁作为起吊工具，这样能保证吊点的垂直。吊架、吊梁采用吊点可调的形式，使其通用性更强。

吊架、吊梁主梁采用160mm×88mm×6mm工字钢，吊架、吊梁选用单股吊重≥7.5t的钢丝绳。吊架、吊梁构造如图3.3.7所示。

图3.3.7 预制墙板吊架、吊梁示意图

（2）吊具选择

预制构件安装吊具选用见表3.3.6。

预制构件安装吊具选用表　　　　　　　　表3.3.6

序号	吊具类别	构件吊装种类	备注
1	吊梁	预制外墙体、预制内墙体、PCP板、女儿墙、轻质隔墙等	定做
2	吊架	预制楼层叠合板、预制阳台、预制空调板、预制设备平台、预制楼梯踏步板、预制楼梯平台板等	定做
3	吊箱	连接件及零散部件	现场加工

注：禁止将吊梁、吊架所对应吊装构件混吊，以避免产生安全隐患。

（3）吊具检测及检查验收标准

1）吊梁、吊架进场前，分包单位安全负责人需按照吊件加工图及相关标准对吊件做进场前检查验收，主要检查焊缝及整体外观等是否满足要求，并形成书面检查验收台账，相关负责人签字。

2）各分包单位需成立专门预制构件吊装安全管理小组，每天在预制构件吊装前，对吊件的架体及钢丝绳逐步检查，主要检查吊件架体的变形、开裂、磨损情况，钢丝绳是否存在断股、破损等问题的情况，对于不能满足施工的吊架及钢丝绳需按照相关标准予以报废，检查结果要形成文字记录，检查人员签字存档。项目安全负责人需督促此项工作的落实并做定期抽查，对未按照要求进行例行检查的分包单位按照情节严重情况做出相应处罚。

3.4 预制构件吊装、支撑工艺

1. 预制构件吊装准备

（1）预制构件的进场验收标准

1）预制混凝土构件外观质量应符合表 3.4.1 的规定，不允许存在严重缺陷，对于出现的一般缺陷，应按技术处理方案进行处理，并重新检查验收。预制构件不得存在影响结构性能或装配、使用功能的尺寸偏差。

<table>
<tr><td colspan="3" style="text-align:center">预制混凝土构件外观质量</td><td>表 3.4.1</td></tr>
</table>

名称	现象	质量要求
露筋	构件内钢筋未被混凝土完全包裹而外露	受力主筋部位不应有，其他构造钢筋和箍筋不宜有
蜂窝	混凝土表面石子外露	受力主筋部位和支撑点位置不应有，其他部位不宜有
孔洞	混凝土中孔穴深度和长度均超过保护层厚度	不应有
外观缺陷	缺棱掉角、表面翘曲	清水表面不应有，混水表面不宜有
外表缺陷	表面麻面、掉皮、起砂、污染、门窗框材划伤	清水表面不应有，混水表面不宜有
连接部位缺陷	连接钢筋、连接件松动	不应有
破损	影响外观	不影响结构和使用功能的破损不应有
裂缝	裂缝贯穿保护层到达构件内部	影响结构性能的裂缝不应有

2）预制构件检查合格后，生产企业应出具产品合格证，并在产品合格证和构件上标记工程名称、构件编号、制作日期、合格状态、生产单位等信息。非结构预制构件质量验收应符合现行国家标准《建筑工程施工质量验收统一标准》GB 50300、《建筑装饰装修工程质量验收标准》GB 50210、《建筑节能工程施工质量验收标准》GB 50411 等相关规定。

3）预制构件脱模后、存在不影响结构性能、钢筋、预埋件或者连接件锚固的局部破损和构件表面的非受力裂缝时，可采用修补浆料进行表面修补后使用，详见表 3.4.2。

<table>
<tr><td colspan="4" style="text-align:center">预制构件表面破损和裂缝处理方案</td><td>表 3.4.2</td></tr>
</table>

项目	外观	处理方案	检查依据与方法
破损	（1）影响结构性能且不能恢复的破损	废弃	目测
	（2）影响钢筋、连接件、预埋件锚固的破损	废弃	目测
	（3）上述（1）、（2）以外的，破损长度超过 20mm	修补 1	目测，卡尺测量
	（4）上述（1）、（2）以外的，破损长度 20mm 以下	现场修补	
裂缝	（1）影响结构性能且不可恢复的裂缝	废弃	目测
	（2）影响钢筋、连接件、预埋件锚固的裂缝	废弃	目测
	（3）裂缝宽度超过 0.3mm，且裂缝长度超过 300mm	废弃	目测，卡尺测量
	（4）上述（1）、（2）、（3）以外的，裂缝宽度超过 0.2mm	修补 2	目测，卡尺测量
	（5）上述（1）、（2）、（3）以外的，裂缝宽度不足 0.2mm，且在外表面时	修补 3	目测，卡尺测量

注：修补 1：用不低于混凝土设计强度的专用修补砂浆料修补；

　　修补 2：用环氧树脂浆料修补；

　　修补 3：用专用防水浆料修补。

（2）预制构件进场后管理

生产加工单位对进场的每一批预制构件提供质量保证资料并建立台账，台账包括：施工所用各种材料、连接件及预制混凝土构件的产品合格证书、性能检测报告、进场验收记录和复试报告等。并按专项施工方案要求在场内一次性运输堆放于指定位置，做好逐一检查龄期、使用位置、构件编号等标识信息。现场须指定专职管理人员负责场内运输及堆放管理，并在场地内四周设立警示标识，严禁闲杂人员进入堆放现场或擅自松开固定装置，预制构件在储存及使用过程中损坏导致无法达到质量要求的一律作为不合格品，不得用于施工。每块预制构件进场验收通过后，统一按照板下口往上 500mm 弹出水平控制墨线；按照左侧板边往右 500mm 弹出竖向控制墨线；并在构件中部显著位置标注编号（翻样图纸编号）。

2. 预制构件吊装

（1）预制墙体（PCF 板）吊装顺序

1）每层先将外墙预制构件沿着外立面顺时针方向逐块吊装。

2）其次安装 PCF 板，顺时针方向逐块吊装。

3）再安装内墙预制构件，同一施工段内由一侧向另一侧逐步安装到位。不得混淆吊装顺序。

（2）预制叠合板吊装顺序

1）预制楼面板吊装时要先安装靠近外墙临边的板，利用先装板作为工作面安装剩余楼面板。

2）预制叠合板编号核定准确后方可吊装。

3）楼梯安装需待上层结构施工完成后，方可进行上层结构以下楼层的楼梯安装。

（3）预制构件吊装安全技术措施

1）在吊装过程中，吊索与构件的平面夹角不宜小于 $60°$，不应小于 $45°$。当小于 $45°$ 时，应经验算或采用专用起吊架。吊具应符合国家现行相关标准的有关规定。自制、改造、修复和新购置的吊具，应按国家现行相关标准的有关规定进行。

2）构件起吊时，先行试吊，试吊高度不得大于 1m，试吊过程中检测吊钩与构件、吊钩与钢丝绳、钢丝绳与吊梁、吊架之间连接是否可靠。确认各项连接满足要求后方可正式起吊。

构件吊装至施工操作层时，操作人员应站在楼层内，佩戴穿芯自锁保险带（保险带应与楼面内预埋钢筋环扣牢）。用专用钩子将构件上系扣的缆风绳勾至楼层内，然后将外墙板拉到就位位置。

（4）预制构件吊装工艺流程

1）预制墙板吊装工艺流程

清理安装基础面→外墙外侧封堵条安放、内墙坐浆料铺设→构件底部设置调整标高垫片→构件吊装安放→安装斜向支撑及"L"形固定角码→构件调整对齐→连接点钢筋绑扎、管线敷设→接缝周围封堵→灌浆→现浇连接点模板支设→现浇连接点混凝土浇筑→拆除装配支撑（图 3.4.1）。

2）预制叠合板吊装工艺流程

架设装配支撑→清理支座面→放置预制楼板→检查封堵预制构件接缝处→安装侧面和开口处模板→安装管线等预埋件→布设对接处配筋、附加配筋→敷设上层分布筋→湿润表面→浇筑混凝土→现浇连接点混凝土浇筑→拆除装配支撑。

（5）预制构件吊装指挥控制流程

图 3.4.1　预制墙板吊装前准备

1) 预制墙体吊装指挥控制流程

转换层混凝土浇筑完成后，墙体测量放线，用钢筋定位框复核连接钢筋，校正偏位钢筋，垫钢垫片找平，粘贴橡塑胶条，铺设坐浆料。首次及第二次预制墙体安装时，将外防护架组装在预制墙板上，预制墙体按吊装顺序用专用吊梁挂钩起吊运行吊至操作面，在起吊过程中，吊索与构件的平面夹角不宜小于 60°，不应小于 45°，构件起吊时，先行试吊，试吊高度不得大于 1m，试吊过程中检测吊钩与构件、吊钩与钢丝绳、钢丝绳与吊梁、吊架之间连接是否可靠，确认各项连接满足要求后方可正式起吊。构件吊装至施工操作层时，操作人员应站在楼层内，佩戴穿芯自锁保险带（保险带应与楼面内预埋钢筋环扣牢），用专用钩子将构件上系扣的缆风绳勾至楼层内，吊运构件时，下方严禁站人，必须待吊物降落离地 1m 以内，方准靠近，在距离楼面约 1m 高时停止降落，操作人员手扶引导降落，用镜子观察连接钢筋是否对孔，同时用撬棍调整预制墙体外皮与墙体控制线对齐，信号工指挥缓慢降落到垫片，停止降落。安装斜向支撑及 "L" 形固定角码，卸钩，调节斜支撑，校正预制墙板，继续本段其他墙体安装；塞缝，墙体下口与楼板之间的 20cm 缝隙采用干硬性坐浆料塞缝，内衬蛇皮管作为模板填实抹光；灌浆，塞缝完成 6h 后进行套筒灌浆，搅拌浆料并测试其流动性合格后，将浆料倒入注浆泵，封堵下排注浆孔，插入注浆管嘴启动注浆泵，待浆料成柱状流出浆孔时，封堵出浆孔，逐个完成出浆孔封堵后封堵注浆孔，抽出注浆管嘴后封堵注浆孔；节点区钢筋绑扎，两块板之间 20cm 空隙使用挤塑板塞缝，将暗柱箍筋按照方案要求绑扎固定在预制墙板钢筋悬挑处的钢筋上，从暗柱顶端插入竖向钢筋，再将箍筋与竖向钢筋绑扎固定；节点区模板支设，现浇节点区内侧模采用定型钢模板或木模板，模板采用穿墙螺栓固定，其他现浇墙体模板采用大钢模或木模板。

2) 预制叠合板吊装指挥控制流程

预制墙体安装完成后，进行叠合板安装。作业层放线安装独立钢支撑，安装木工梁（铝合金工字梁）或 100mm×100mm 木枋，调节龙骨标高，弹竖向垂直定位线。预制叠合板起吊，预制叠合板按吊装顺序图用专用吊架挂钩起吊运行并吊至操作面，在起吊过程中，吊索与构件的平面夹角不宜小于 60°，不应小于 45°，构件起吊时，先行试吊，试吊高度不得大于 1m，试吊过程中检测吊钩与构件、吊钩与钢丝绳、钢丝绳与吊梁、吊架之间连接是否可靠，确认各项连接满足要求后方可正式起吊。构件吊装至施工操作层时，操作人员应站在楼层内，佩戴穿芯自锁保险带（保险带应与楼面内预埋钢筋环扣牢），用专用钩子将构件上系扣的缆风绳勾至楼层内，吊运构件时，下方严禁站人，必须待吊物降落离地 1m 以内，方准靠近。在距离楼面约 0.5m 高时停止降落，操作人员稳住叠合板，参照墙顶垂直控制线，引导叠合板缓慢降落至龙骨上，摘钩，校正，叠合板与预制墙体间 1cm 缝隙塞缝。预制阳台吊装，继续本段其他叠合板吊装；现浇楼板支模，首先进行板下层钢筋绑扎，之后是水电管线预埋，板上层钢筋绑扎；使用钢筋定位框控制墙体竖向钢筋连接位置，浇筑顶板混凝土。

3）预制楼梯吊装指挥控制流程

预制楼梯要待上层结构施工完成后方可进行下层楼梯的安装。放楼梯安装控制线，预制楼梯与梁搁置位置处用细石混凝土找平，吊装采用专用吊具和长短钢丝绳挂钩，起吊运行至操作面，距操作面 1m 时停止降落，操作工稳住预制楼梯并对准控制线，引导楼梯缓慢降落至楼梯梁上，校正，摘钩，连接孔灌浆固定，之后是成品保护，临边护栏安装。参照如上介绍的相同的安装方法完成其他主体结构施工。

3. 预制墙体构件调节

（1）斜向支撑安装及平面布置

构件安装初步就位后，工人迅速安装斜向支撑。斜向支撑一端通过连接件与预制墙身连接，另一端与楼面板或现浇墙身连接。在斜向支撑与墙身及楼面连接稳固后，对构件进行三向微调，确保预制构件调整后标高一致、进出一致、板缝间隙一致，并确保垂直度。根据相关工程经验并结合工程实际，每块预制构件采用 2 根可调节斜拉杆加 2 个"L"形固定角码、2 根可调节水平拉杆（楼梯间外墙）或 2 枚标高控制螺杆进行微调（图 3.4.2、图 3.4.3）。

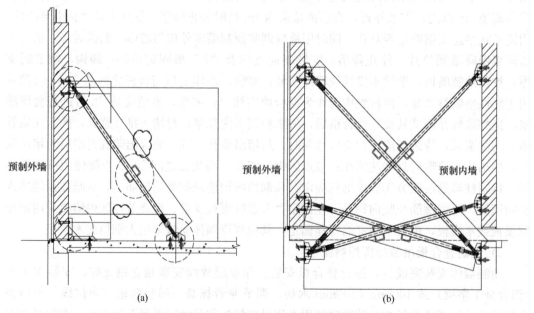

（a）   （b）

图 3.4.2 预制墙板安装定位示意图

（a）预制墙板安装大样；（b）B 户型楼梯间外墙板安装

图 3.4.3　预制墙板固定及精度调整

控制要点：

1）连接件上的两颗螺丝均需进行连接；

2）脱钩时，工人应使用专用梯子进行攀爬脱钩；

3）连接件与现浇楼面的连接，通过预埋螺栓杆的方式连接；

4）斜向支撑可在竖向现浇混凝土浇筑 1d 后拆除，宜与竖向支撑同时拆除。

（2）构件水平高度调节

预制构件安装前，在所有构件框架线内取构件长度总尺寸 1/4 的两点用塑料（铁）垫片找平，垫起总厚度 2cm，垫片厚度应有 10mm、5mm、2mm 类型。应用垫片厚度不同来调节预制件进行找平。

构件标高通过精密水准仪来进行复核。每块板块吊装完成后须复核，每个楼层吊装完成后须统一复核。

高度调节前须做好以下准备工作：1）引测楼层水平控制点；2）每块预制板面弹出水平控制墨线；3）相关人员及测量仪器、调校工具到位。

（3）构件左右位置调节及进出调节

待预制构件高度调节完毕后，进行板块水平位置微调，使用撬棍工具进行左右及进出位置调节。

构件位置复核：通过钢尺测量构件边与水平控制线间底距离来进行复核。每块板块吊装完成后须复核，每个楼层吊装完成后须统一复核。

楼梯间墙体的位置调节如下：构件进出调节采用可调节水平拉杆，每一块预制构件左右各设置 1 道可调节水平拉杆，拉杆后端均牢靠固定在结构楼板上。拉杆顶部设有可调螺纹装置，通过旋转杆件，可以对预制构件底部形成推拉作用，起到板块进出调节的作用。

左右及进出调节前须做好以下准备工作：

1）引测结构外延控制轴线以及预制构件表面弹出竖向控制墨线；

2）相关人员及测量仪器、调校工具到位。

（4）构件垂直度调节

构件垂直度调节采用可调节斜拉杆，每一块预制构件左右各设置 1 道可调节斜拉杆，如图 3.4.4 所示，拉杆后端均牢靠固定在结构楼板上。拉杆顶部设有可调螺纹装置，通过旋转杆件，可以对预制构件顶部形成推拉作用，起到板块垂直度调节的作用。构件垂直度用靠尺或铅垂来进行复核。每块板块吊装完成后须复核，每个楼层吊装完成后须统一复核（图 3.4.4）。

图 3.4.4　构件垂直度调整

（5）构件安装验收标准

吊装调节完毕后，须进行验收。预制构件安装过程中发现预留套筒与钢筋位置偏差较大等问题导致安装无法进行时，应立刻停止安装作业，并将构件妥善放回原位，并及时报告监理设计单位拿出书面处理方案。严禁现场擅自对预制构件进行改动。

验收项目及标准见表 3.4.3。

预制构件安装允许偏差和检验方法　　　　　　　　表 3.4.3

项目		允许偏差（mm）	检验方法
墙板	中心线对定位轴线的位置	±3	钢尺检查
	垂直度	±3	经纬仪或吊线、钢尺检查
	模板拼缝高差	±5	钢尺检查
外墙装饰面	板缝宽度	±5	钢尺检查
	通长缝直线度	±5	拉线或吊线、钢尺检查
	接缝高差	±3	钢尺检查
楼板	平整度	±5	2m 靠尺和塞尺检查
	下表面标高	±5	水准仪或拉线、钢尺检查
梁	中心线对定位轴线的位置	±5	钢尺检查
	梁下表面标高	±5	水准仪或拉线、钢尺检查
楼梯	水平位置	±5	钢尺检查
	标高	±5	水准仪或拉线、钢尺检查
阳台	水平位置	±5	钢尺检查
	标高	±5	水准仪或拉线、钢尺检查

3.5　预制墙体套筒灌浆工艺

1. 灌浆前的准备工作

（1）构件校正后方可进行灌浆。

（2）检查灌浆料是否足够，至少灌满一面墙体确保注浆的连续性。

（3）灌浆前应检查预制剪力墙与地梁或圈梁之间的缝隙是否堵死。

（4）检查灌浆设备是否完好可用。

（5）检查灌浆配比仪器是否齐全，精度是否可靠等，准备一台小型发电机防止停电出现堵孔的情况，保证注浆连续性。

（6）灌浆前应制定钢筋套筒灌浆操作的专项质量保证措施，确保套筒和钢筋表面的洁净，被连接钢筋偏离套筒中心线的角度不应超过 7°，灌浆操作全过程应由监理旁站。

2. 灌浆坐浆分仓

（1）外墙墙体根据区域划分采用 A/B 两种灌浆料，其中前者用于结构受力部分，后者用于构造要求部分。

（2）内墙墙体根据区域划分采用 A 灌浆料与坐浆料，其中前者用于结构受力部分，后者用于构造要求部分。

（3）为保证灌浆质量，外墙增设灌浆管，以"φ"表示。

（4）墙板钢筋套筒布置依据墙板深化图，未标明的墙底预留孔洞在灌浆分仓时应根据实际情况严格封仓。

水平预制构件与竖向构件连接部位坐垫砂浆的强度等级不应低于被连接构件混凝土的强度等级，并应满足表 3.5.1 的要求。

坐浆砂浆性能要求　　　　　　　　　　　　　　　表 3.5.1

项目	性能指标	试验方法
流动度初始值（mm）	130～170	《水泥胶砂流动度测定方法》GB/T 2419—2005
1d 抗压强度（MPa）	≥30	《水泥胶砂强度检验方法（ISO 法）》GB/T 17671—1999

钢筋套筒灌浆连接接头应采用单组分水泥基灌浆料，灌浆料的物理、力学性能应满足表 3.5.2 的要求，同时应满足国家现行相关标准的要求。

钢筋套筒灌浆连接用灌浆料性能要求　　　　　　　表 3.5.2

项目		性能指标	试验方法
泌水率		0	《普通混凝土拌合物性能试验方法标准》GB/T 50080—2016
流初度（mm）	初始值	≥290	《水泥基灌浆材料应用技术规范》GB/T 50448—2015
	30min 保留值	≥260	
竖向膨胀率	3h	0～0.35	《水泥基灌浆材料应用技术规范》GB/T 50448—2015
	24h	0.02～0.50	
抗压强度（MPa）	1d	30	《水泥胶砂强度检验方法（ISO 法）》GB/T 17671—1999
	3d	50	
	28d	85	
对钢筋腐蚀作用		无	《混凝土外加剂》GB 8076—2008

3. 工艺流程

工艺流程为：塞缝→封堵下排灌浆孔→拌制灌浆料→浆料检测→灌浆→封堵上排灌浆

孔→试块留置。

（1）塞缝：预制墙板校正完成后，使用塞缝料（塞缝料要求早强、塑性好，干硬性水泥砂浆进行周边坐浆密封）将墙板其他三个面（外侧已贴橡胶条）与楼面间的缝隙填嵌密实。

（2）封堵下排灌浆孔：除插灌浆嘴的灌浆孔外，其他灌浆孔使用橡皮塞封堵密实。

（3）拌制灌浆料：灌浆应使用灌浆专用设备，并严格按设计规定配比方法配制灌浆料。将配制好的水泥浆料搅拌均匀后倒入灌浆专用设备中，保证灌浆料的坍落度。灌浆料拌合物应在制备后 0.5h 内用完。

（4）浆料检测：检查拌合后的浆液流动度，保证流动度不小于 300mm。

（5）灌浆：将拌合好的浆液导入注浆泵，启动灌浆泵，待灌浆泵嘴流出浆液成线状时，将灌浆嘴插入预制剪力墙预留的小孔洞里（下方小孔洞），开始注浆。灌浆施工时的环境温度应在 5℃以上，必要时，应对连接处采取保温加热措施，保证浆料在 48h 凝结硬化过程中连接部位温度不低于 10℃。灌浆后 24h 内不得使构件和灌浆层受到振动、碰撞。灌浆操作全过程应由监理人员旁站。

（6）封堵上排灌浆孔：间隔一段时间后，上排灌浆孔会逐个漏出浆液，待浆液成线状流出时，立即塞入专用苯塑堵住孔口，持压 30s 后抽出下方小孔洞里的喷管，同时快速用专用苯塑堵住下口。其他预留空孔洞依次同样喷满，不得漏喷，每个空孔洞必须一次喷完，不得进行间隙多次喷浆。

（7）试块留置：每工作班制作 2 组试件送检（一组标养、一组同条件养护），每组三个试块，试块规格为 70.7mm×70.7mm×70.7mm。

4. 注意事项

（1）灌浆过程中，第一个孔会消耗掉很多的灌浆料，这是因为预制剪力墙与地梁或圈梁之间存在缝隙，而我们的灌浆孔距离缝隙处还有一段小小的高差，所以第一个孔多消耗的灌浆料首先会充满灌浆孔以下部分，我们称之为"垫底"。

（2）预制外墙板承重区与非承重区使用的灌浆料材料性能要求不同。应将非承重区域的灌浆孔进行颜色的区分。

（3）灌浆过程中，如果耗时较长，注意搅拌设备漏斗中的灌浆料，通过搅拌或者加入减水剂，使之达到合适坍落度（即达到配比要求的可流动性）和和易性；同时注意搅拌或加入减水剂到没有倒入灌浆设备漏斗中的灌浆料，使之达到合适的坍落度。

3.6 预制构件安装工艺

1. 预制墙板安装工艺

（1）放线

1）建筑物宜采用"内控法"放线，在建筑物的基础层根据设置的轴线控制桩，用垂准仪和经纬仪进行建筑物各层控制轴线投测。

2）根据控制轴线依次放出建筑物的纵横轴线，依据各层控制轴线放出本层构件的细部位置线和构件控制线，在构件的细部位置线内标出编号。

3）轴线放线偏差不得超过 2mm，放线遇有连续偏差时，应考虑从建筑物中间一条轴线向两侧调整。

4）每栋建筑物设标准水准点 1～2 个，在首层墙、柱上确定控制水平线。以后每完成一层楼面用钢卷尺把首层的控制线传递到上一层楼面的预留钢筋上，用红油漆标示。

5）预制件在出厂前应在表面标注墙身线及 500mm 控制线，用水准仪控制每件预制件的水平。

6）在混凝土楼面浇筑时，应将墙身预制件位置现浇面的水平误差控制在 ±3mm 之内。

（2）钢筋校正

根据预制墙板定位线，使用钢筋定位框检查预留钢筋位置是否准确，偏位的及时调整。

（3）垫片找平

预制墙板下口与楼板间设计有 20mm 的缝隙（灌浆用），在吊装预制构件前，在所有构件框架线内取构件长度总尺寸 1/4 的两点用塑料（铁）垫片找平，垫起总厚度 2cm，垫片厚度应有 10mm、5mm、2mm 类型。应用垫片厚度的不同调节预制构件进行找平。

（4）灌浆缝的封堵

根据施工图要求划分灌浆及坐浆区域。

预制外墙板：预制外墙板在吊装前应在外侧粘贴 30mm×30mm（厚×宽）的胶条。10mm 进入结构墙体，20mm 在保温层内。分仓位置使用塞浆料进行分隔。预制外墙板的内部缝隙待吊装完成后用专业塞缝料进行处理。

预制内墙板：预制内墙灌浆缝均使用坐浆料进行封堵。

（5）预制剪力墙（含 PCF 板）的吊装、就位

1）安装前应对基层插筋按图纸依次校正，同时将基层的垃圾清理干净。

2）松开吊架上用于稳固构件的侧向支撑木楔。

3）将吊扣与吊钉进行连接，再将吊链与吊梁连接，要求吊链与吊梁接近垂直。开始起吊时应缓慢进行，待构件完全脱离支架后可匀速提升。

4）预制剪力墙就位时，需要人工扶正预埋竖向外露钢筋并与预制剪力墙预留空孔洞一一对应插入。

5）预制墙体安装时应以先外后内的顺序，相邻剪力墙体连续安装，PCF 板待外剪力墙体吊装完成及调节对位后开始吊装。

6）PCF 板通过角码连接。角码固定于预埋在相邻剪力墙及 PCF 板内的螺丝。

7）外墙起吊前，首层及二层外挂架可装在外墙上，并与外墙一起吊装。

（6）安装斜支撑

防止发生预制剪力墙倾斜等现象，预制剪力墙就位后，应及时用螺栓和膨胀螺丝将可调节斜支撑固定在构件及现浇完成的楼板面上，通过调整斜支撑和底部的"L"形固定角码对预制剪力墙各墙面进行垂直平整检测并校正，直到预制剪力墙达到设计要求范围，然后固定。

（7）摘钩

待预制构件的水平度、垂直度等调节完成后方可摘钩，进行下一件预制件的吊装。

（8）预制墙板校正

1）墙板垂直方向校正措施：构件垂直度调节采用可调节斜拉杆，每一块预制部品在一侧设置 2 道可调节斜拉杆，用 4.8 级 $\phi 16 \times 40mm$ 螺栓将斜支撑固定在构件预制构件上，

底部用预埋螺丝将斜支撑固定在楼板上，通过对斜支撑上的调节螺丝的转动产生的推拉校正垂直度，校正后应将调节把手用铁丝锁死，以防人为松动，保证安全。

2）用专用扳手通过转动预先上在吊装件上的调节螺栓，校正墙体的水平度。

（9）预制墙体套筒灌浆

1）灌浆前的准备工作

构件校正后方可进行灌浆。检查灌浆料是否足够（至少灌满一面墙体，确保注浆的连续性）；灌浆前应检查预制剪力墙与地梁或圈梁之间的缝隙是否堵死；检查灌浆设备是否完好可用；检查灌浆配比仪器是否齐全、精度是否可靠等；准备一台小型发电机防止停电出现堵孔的情况，保证注浆连续性。

2）工艺流程

塞缝→封堵下排灌浆孔→拌制灌浆料→浆料检测→灌浆→封堵上排灌浆孔→试块留置。

图 3.6.1　构件垂直度调整

3）墙体拼缝、后浇带的钢筋绑扎

外墙校正固定后，外墙板内侧用与预制外墙相同的保温板塞住预制外墙板与 PCF 板间的缝隙，然后进行后浇带钢筋绑扎；安装时相邻墙体应连续依次安装，固定校正后及时对构件连接处的钢筋进行绑扎，以加强构件的整体牢固性。

施工要点：

① PCF 板先于暗柱钢架绑扎前安装，以避免柱箍筋对 PCF 板安装产生影响；

② PCF 板就位后，通过穿墙螺杆与配套的螺栓及垫片与内墙阴角模固定；

③ PCF 板的固定还需要外部的 L 形角背棱，以加强刚度；

④ 构件垂直度调整如图 3.6.1 所示。

2. 预制楼面板、阳台安装工艺

（1）安装顺序

1）预制楼面板吊装时要先安装靠近外墙临边的板，利用先装板作为工作面安装剩余楼面板。

2）楼梯安装完毕后应先进行楼梯间附近的楼面板预制部品的安装。

3）预制板编号核定准确后方可吊装。

（2）支设预制板下钢支撑

1）内外墙安装完成后，按设计位置支设专用三脚架可调节支撑。每块预制板支撑为 4～6 个；长方向距板两端 30～80cm 处各设一组独立钢支撑，板中部设置一组独立钢支撑。

2）将木（铝合金）工字梁放在可调节三角支撑上，方木顶标高为楼面板下标高，转动支撑调节螺丝将所有标高调至设计要求标高。竖向连续支撑层数不应少于两层且上下层支撑应在同一直线上。

3）支撑的布置如图 3.6.2～图 3.6.4 所示。

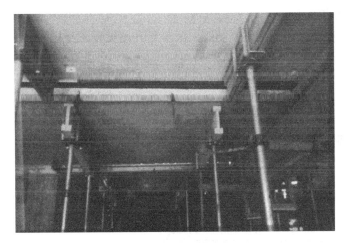

图 3.6.2　叠合板支撑体系设置

图 3.6.3　独立支撑布置示意图

图 3.6.4　预制阳台板支撑体系设置

（3）预制楼面板安装

1）由于预制楼面板面积大、厚度薄，吊车起升速度要求稳定，覆盖半径要大，下降速度要慢。

2）楼面板应从楼梯间开始向外扩展安装，便于人员操作，安装时两边设专人扶正构件，缓缓下降。

3）将楼面板校正后，预制楼面板各边均落在剪力墙、现浇梁（叠合梁）上15mm，预制楼面板预留钢筋落于支座处后下落，完成预制楼面板的初步安装就位。预制楼板与墙体之间缝隙用干硬性坐浆料堵实（图3.6.5）。

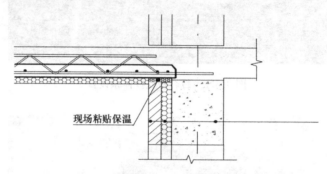

图3.6.5 板与预制外墙连接构造示意图

4）预制楼面板安装初步就位后，转动调节支撑架上的可调节螺丝对楼面板进行三向微调，确保预制部品调整后标高一致、板缝间隙一致。根据剪力墙上500mm控制线校正板顶标高。

5）预制阳台板位置的保温，可在吊装完成后填塞（图3.6.6）。

图3.6.6 预制阳台板吊装示意图

叠合板施工要点：

① 叠合板吊装前，需按照支撑方案设置好支撑体系；支撑体系需根据楼内标高线调节好标高。

② 吊装叠合板需六个吊点，吊点沿叠合板受力方向需处于对称位置，使叠合板在吊

装过程中受力均匀，不至破坏。

③ 起吊时要先试吊，先吊起后距地 50cm 停止，检查钢丝绳、吊钩的受力情况，使叠合板保持水平，然后吊至作业层上空。

④ 就位时在作业层上空 20cm 处略作停顿，施工人员手扶楼板调整方向，注意避免叠合板上的预留钢筋与叠合板上钢筋的冲突，放下时要停顿慢放，严禁快速猛放，以避免冲击力过大造成板面出现裂缝。

⑤ 叠合板就位后，再检查板底标高，若有偏差达±3mm，需调节板下的可调支撑。

阳台板施工要点：

① 预制阳台吊装前，需先设置好支撑体系；支撑体系根据楼内标高线调节好标高。

② 预制阳台支撑体系采用传统的碗口架体系，标高通过可调顶托进行调节。

③ 待预制阳台靠近作业面上空 30cm 处略作停顿，施工人员手扶阳台板调整方向，将板的边线与墙上的安放位置线对准，缓慢放下就位，用 U 形托进行标高调整。预制阳台板深入外墙内 15mm。

3. 预制楼梯安装工艺

(1) 预制楼梯分为上下两个梯段，两端楼梯待完成楼面混凝土浇筑后吊装。

(2) 在摆放预制楼梯前应在现浇接触位置用 C25 细石混凝土找平。

(3) 吊装时应用一长一短的两根钢丝绳将楼梯放坡，保证上下高差相符，顶面和底面平行，便于安装。

(4) 将楼梯预留孔对正现浇位预留钢筋，缓慢下落。脱钩前用撬棍调节楼梯段水平方向位置。完成下段楼梯后，安装上段楼梯。注意角铁位置预留螺丝的要相对应。

(5) 固定角铁。待固定楼梯后，用连接角铁固定上段楼梯与外墙。

(6) 封堵。待完成上述步骤后，用聚苯材料对缝隙进行填充。

施工要点：

(1) 预制楼梯安装前，需弹出楼梯构件的端部和侧边控制线以及标高控制线。

(2) 预制楼梯吊装时通过钢丝绳和手动葫芦调节角度，使楼梯在吊装过程中，角度保持与安装后的角度大致相同（图 3.6.7）。

图 3.6.7　预制楼梯吊装示意图

（3）构件吊至休息平台上方 30～50cm 后，调整楼梯位置使预埋钢筋与楼梯预留洞口对正，楼梯边与边线吻合，然后将预制楼梯缓缓落下（图 3.6.8）。

图 3.6.8　预制楼梯安装示意图

（4）楼梯构件吊装前下部支撑体系必须完成，吊装前必须测量并修正标高，确保梁底标高一致，便于楼梯就位。

4. 楼面板后浇带节点构造及支模

（1）预制混凝土楼面板跨内后浇带连接带处配筋构造

双向楼面板在跨内拼接时，在拼接处设置通长后浇带，后浇带宽度 250mm，两块预制楼面板底部钢筋打直弯，交错穿插形成暗梁。

（2）楼面板端支座配筋构造

1）预制楼面板端预留钢筋进入预制剪力墙支座 100mm，加上板边进入墙体 15mm，板钢筋末端已进入支座中线。

2）预制楼面板端预留钢筋进入叠合梁（箍筋开口箍）支座 ≥5d 且至少进入支座中线。叠合梁主筋弯锚时，采用箍筋开口形式。

（3）后浇带位置支模

1）模板工程主要针对需要现场混凝土浇筑的部位，如后浇带的封堵。

2）后浇带、现浇梁模板采用多层胶合板，采用 ϕ14 对拉螺栓顶部焊接 HRB400ϕ16@600 钢筋拉结支撑（图 3.6.9）。

图 3.6.9　双向楼面板跨内后浇模板吊点连接

3）支模要严格检查牢固程度，要控制好模板高度、截面尺寸等（图 3.6.10）。

4）模板间缝隙、墙模板与楼面板的缝隙用海绵条粘贴，避免浇注混凝土时漏浆。

5）配套施工完毕后，用鼓风机清除后浇带及楼面板上杂物。

图 3.6.10　双向楼面板跨内后浇模板支设

（4）预埋线管连接节点施工

1）预制构件内预埋线管由工厂按水电图进行预埋加工，现场进行组装，安装时必须分户安装。

2）现浇层管线安装应在绑扎楼面钢筋前完成。

3）从预制构件顶部所走管线可直接连接至固定线盒，从预制构件底部所走管线需在现浇层预留接头。

4）预制部品安装完毕后，将预埋管线预留孔打开，然后按种类进行各管线的插入、连接，最后将各种管线连至相应管道井。

5）各种预埋功能管线必须接口封密，符合国家验收标准。

（5）现浇板钢筋绑扎

1）施工程序：

预制楼面板安装→绑扎暗梁上部钢筋→暗梁箍筋封闭→绑扎楼面板上层钢筋→浇筑楼面板上层混凝土。

2）叠合楼板的上层现浇板配筋和绑扎：

① 先完成暗梁位置钢筋绑扎。

② 楼面钢筋按照设计规格、型号下料后进行绑扎（图 3.6.11）。

③ 为了保证钢筋间距位置准确，首先在预制部品上划出间距线，按尺寸线进行绑扎。

④ 浇筑混凝土时房间内安排专人负责清理漏浆并及时用水冲洗干净。

5. 剪力墙连接节点构造及支模

外墙现浇剪力墙节点内模采用木模，模板拉杆螺栓直径为 12mm，螺杆间距为 650mm×650mm。内墙现浇剪力墙节点采用 50mm×100mm 木枋作龙骨，18mm 厚木胶板作面板配制，竖楞净距不大于 150mm，墙箍采用 φ48 钢管，采用 φ14 对拉螺杆；第一道柱箍距板面 200mm，往上间距 450～600mm。对拉螺杆采用可拆卸式，拆模后一并回收利用，螺杆形式以翻样图为基准。具体节点构造及支模大样如图 3.6.12 所示。

图 3.6.11 预制楼面板上层钢筋绑扎

图 3.6.12 剪力墙连接节点构造及支模大样

3.7 施工质量验收及保证措施

1. 预制装配整体式剪力墙结构的质量验收

除了执行江苏省工程建设标准《预制装配整体式剪力墙结构体系技术规程》DGJ32/TJ 125—2010 外，尚应符合国家现行有关标准的规定。

2. 预制构件安装施工前质量控制措施

（1）构件制作的模板分项工程、钢筋分项工程和混凝土分项工程质量验收，按照现行国家标准《混凝土结构工程施工质量验收规范》GB 50204—2015 要求执行。

（2）构件生产时门窗子分部工程、饰面板（砖）子分部工程和涂料子分部工程质量，按照现行国家标准《建筑装饰装修工程质量验收标准》GB 50210—2018 要求执行。

（3）预制构件与结构之间的连接应符合设计要求。连接处钢筋或预埋件采用焊接和机械连接时，接头质量应符合现行行业标准《钢筋焊接及验收规程》JGJ 18—2012、《钢筋机械连接技术规程》JGJ 107—2016 的要求。

（4）预制构件钢筋接头灌浆料应符合现行国家标准《水泥基灌浆材料应用技术规范》GB/T 50448—2015 的要求。

（5）预制构件生产用原材料水泥、砂子、石子、钢筋质量应符合国家现行规范要求。

（6）进入现场的预制构件必须进行验收，其外观质量、尺寸偏差及结构性能应符合设计要求。

（7）构件安装前，应认真核对构件型号、规格及数量，保证构件安装部位准确无误。

（8）用于检查和验收的检测仪器应经检验合格方可使用，精密仪器如经纬仪和水平仪等应通过国家计量局或相关单位进行检验。

3. 预制构件及其连接材料进场检验质量要求

（1）预制构件尺寸允许偏差和检验方法按照江苏省工程建设标准《预制装配整体式剪力墙结构体系技术规程》DGJ32/TJ 125—2010 表 12.2.5 执行。

（2）预制构件进场前应具有产品合格证、预制构件混凝土强度报告、灌浆直螺纹套筒性能检测报告、预制构件保温材料性能检测报告、预制构件面砖拉拔试验报告等质量证明文件，且预制构件的外观不应有明显的损伤、裂纹。

（3）预制构件连接材料如：钢筋接头灌浆料、螺栓锚固灌浆料等，应具有产品合格证等质量证明文件，并经进场复试合格后，方可用于工程。

（4）预制构件进场时，预制墙板明显部位必须注明生产单位、构件型号、质量合格标志；预制构件外观不得存有对构件受力性能、安装性能、使用性能有严重影响的缺陷，不得存有影响结构性能和安装、使用功能的尺寸偏差。

（5）预制墙板进场质量偏差应符合表 3.7.1 的规定。

预制墙板进场检测标准表　　　　　　　　　　　表 3.7.1

项目		允许偏差(mm)	检验方法
预留钢筋	中心位置	3	
	外露长度	0, 5	
预留灌浆套筒	中心位置	3	
预埋(安装定位孔洞)	中心位置	3	
两侧 100mm 宽范围内表面平整度		2	2m 靠尺和塞尺检查
长度		±3	钢尺检查
宽度、高(厚)度		±3	钢尺量一端及中部，取其中较大值
侧向弯曲		L/1000 且≤3	拉线、钢尺量最大侧向弯曲处
预埋件	中心线位置	3	钢尺检查
	安装平整度	3	靠尺和塞尺检查
预留线盒、预留孔的中心位置		3	钢尺检查
预留洞	中心位置	3	钢尺检查
	尺寸	0, 3	钢尺检查
预留螺母	中心位置	3	钢尺检查
	螺母外露长度	0, −3	钢尺检查
预留吊环	中心位置	3	钢尺检查
	外露长度	+10, 0	钢尺检查

项目	允许偏差(mm)	检验方法
对角线差	5	钢尺测量两个对角线
表面平整度	3	2m靠尺和塞尺检查
翘曲	L/1000	调平尺在两端量测
预留开槽孔道	3	钢尺检查
面砖接缝直线度	2	钢尺检查
面砖接缝高低差	0.5	钢尺检查
面砖接缝宽度	1	钢尺检查

（6）预制叠合板类构件进场质量偏差应符合表3.7.2的规定。

预制叠合板类构件进场检测标准表 表3.7.2

项目		允许偏差(mm)	检验方法
桁架钢筋高度		0, 3	钢尺检查
长度		±3	钢尺检查
宽度、高(厚)度		±3	钢尺量一端及中部，取其中较大值
侧向弯曲		L/750且≤3	拉线、钢尺量最大侧向弯曲处
预埋件	中心线位置	3	钢尺检查
	安装平整度	3	靠尺和塞尺检查
预留线盒、预留孔的中心位置		3	钢尺检查
预留洞	中心位置	3	钢尺检查
	尺寸	0, 3	钢尺检查

（7）预制飘窗进场质量偏差应符合表3.7.3的规定。

预制飘窗进场检测标准表 表3.7.3

项目		允许偏差(mm)	检验方法
预留螺母	中心位置	3	钢尺检查
	螺母外露长度	0, −3	钢尺检查
长度		±3	钢尺检查
宽度、高(厚)度		±3	钢尺量一端及中部，取其中较大值
侧向弯曲		L/750且≤3	拉线、钢尺量最大侧向弯曲处
预埋件	中心线位置	3	钢尺检查
	安装平整度	3	靠尺和塞尺检查
对角线差		5	钢尺测量两个对角线
表面平整度		3	2m靠尺和塞尺检查
翘曲		L/750	调平尺在两端量测

（8）预制楼梯板进场质量偏差应符合表3.7.4的规定。

预制楼梯板进场检测标准表　　　　　　　　　表 3.7.4

项目		允许偏差(mm)	检验方法
长度		±3	钢尺检查
宽度、高(厚)度		±3	钢尺量一端及中部,取其中较大值
侧向弯曲		L/750 且≤3	拉线、钢尺量最大侧向弯曲处
预埋件	中心线位置	3	钢尺检查
	安装平整度	3	靠尺和塞尺检查
预留孔的中心位置		3	钢尺检查
预留螺母	中心位置	3	钢尺检查
	螺母外露长度	0,-3	钢尺检查
对角线差		5	钢尺测量两个对角线
表面平整度		3	2m靠尺和塞尺检查
翘曲		L/750	调平尺在两端量测
相邻踏步高低差		3	钢尺检查

(9) 预制装饰板进场质量偏差应符合表 3.7.5 的规定。

预制装饰板进场检测标准表　　　　　　　　　表 3.7.5

项目		允许偏差(mm)	检验方法
长度		±3	钢尺检查
宽度、高(厚)度		±3	钢尺量一端及中部,取其中较大值
侧向弯曲		L/750 且≤3	拉线、钢尺量最大侧向弯曲处
预埋件	中心线位置	3	钢尺检查
	安装平整度	3	靠尺和塞尺检查
预留螺母	中心位置	3	钢尺检查
	螺母外露长度	0,-3	钢尺检查
预留吊环	中心位置	3	钢尺检查
	外露长度	+10,0	钢尺检查
对角线差		5	钢尺测量两个对角线
表面平整度		3	2m靠尺和塞尺检查
翘曲		L/750	调平尺在两端量测
面砖接缝直线度		2	钢尺检查
面砖接缝高低差		0.5	钢尺检查
面砖接缝宽度		1	钢尺检查

4. 预制构件及连接材料存放质量要求

(1) 各类预制构件进场验收合格存放时,应确保构件存放状态与安装状态相一致,叠放存放构件(预制叠合阳台板、预制叠合板、预制楼梯板、预制装饰板)不得超过 4 层,垫木应放置于起吊点位置下方。预制构件堆放顺序应与施工吊装顺序及施工进度相匹配。

（2）预制构件不宜在施工现场进行翻身操作。确需进行翻身操作时，应制定构件翻身操作专项措施，经审核后实施。

（3）钢筋接头灌浆料应合理分批进厂，进场后必须采取妥善的存放措施，防止钢筋接头灌浆料因受潮、暴晒而造成质量性能改变，并确保在钢筋接头灌浆料保质期内使用完成。

5. 预制构件安装检验质量要求

（1）预制构件装配施工尺寸允许偏差和检验方法按照江苏省工程建设标准《预制装配整体式剪力墙结构体系技术规程》DGJ32/TJ 125—2010 表 12.3.7 执行。

（2）预制构件应采用吊装梁吊装，吊装时应保持吊装钢丝绳竖直。

（3）灌浆作业前，应对灌浆操作从业人员进行专业技能培训，考试合格后方可上岗操作。

（4）预制墙板灌浆、直螺纹钢筋连接套筒灌浆作业前，应进行灌浆接头班前检验。

（5）预制墙板灌浆作业时，应控制作业环境及灌浆构件的温度，合理安排作业时间。

（6）灌浆作业时，应由监理人员进行旁站，并形成记录。

（7）预制墙板水平缝应采取分区灌浆等措施，保证水平缝灌浆饱满。

（8）预制墙板节点区后浇混凝土应采取可靠的浇筑质量控制措施，确保连续浇筑并振捣密实。

（9）预制构件安装完成后，应采取有效可靠的成品保护措施，防止构件损坏。

6. 预制墙板安装施工质量要求

（1）预制墙板临时固定措施应有效可靠。

（2）钢筋接头灌浆料配合比必须符合灌浆工艺及灌浆料使用说明书要求。

（3）直螺纹钢筋连接套筒灌浆必须饱满，灌浆时灌浆料必须冒出溢流口。

（4）施工现场钢筋灌浆接头应按照现行行业标准《钢筋机械连接技术规程》JGJ 107—2016 制作直螺纹钢筋套筒连接接头并做力学性能检验，其质量必须符合有关规程的规定。

（5）施工现场钢筋接头灌浆料应留置同条件养护试块，试块强度必须符合现行国家标准《水泥基灌浆材料应用技术规范》GB/T 50448—2015 的规定。

预制墙板进场质量偏差应符合表 3.7.6 的规定。

预制墙板安装检测标准表   表 3.7.6

项目	允许偏差（mm）	检验方法
单块墙板水平位置偏差	5	基准线和钢尺检查
单块墙板顶标高偏差	±3	水准仪或拉线、钢尺检查
单块墙板垂直度偏差	3	2m 靠尺和塞尺检查
相邻墙板高低差	2	2m 靠尺和塞尺检查
空腔构造相邻墙板拼缝偏差	±3	钢尺检查
相邻墙板平整度偏差	4	2m 靠尺和塞尺检查
建筑物全高垂直度	$H/2000$	经纬仪检测

7. 预制叠合板类构件安装质量要求

（1）预制叠合板类构件临时支撑措施应有效可靠。

（2）预制叠合板类构件叠合面应未受损坏、无浮灰等污染物。

预制叠合板类构件进场质量偏差应符合表 3.7.7 的规定。

预制叠合板类构件安装检测标准表　　　　　　　　　表 3.7.7

项目	允许偏差（mm）	检验方法
预制叠合板类构件搁置长度偏差	0，3	基准线和钢尺检查
安装标高	±3	水准仪或拉线、钢尺检查
单块叠合板类构件水平位置偏差	5	基准线和钢尺检查
相邻高低差	3	水准仪或拉线、钢尺检查
相邻平整度	4	2m靠尺和塞尺检查

8. 预制飘窗安装质量要求

（1）预制飘窗临时固定措施应有效可靠。

（2）预制飘窗连接螺栓应牢固。

（3）螺栓锚固灌浆料必须灌注密实。

（4）焊接质量应符合相关规定。

预制飘窗进场质量偏差应符合表 3.7.8 的规定。

预制飘窗安装检测标准表　　　　　　　　　表 3.7.8

项目	允许偏差（mm）	检验方法
单块飘窗水平位置偏差	3	基准线和钢尺检查
单块飘窗顶标高偏差	±3	水准仪或拉线、钢尺检查
单块飘窗垂直度偏差	3	2m靠尺和塞尺检查
单块飘窗与预制墙板拼缝偏差	0，3	钢尺检查
相邻飘窗高低差	3	2m靠尺和塞尺检查

9. 预制楼梯板安装质量要求

预制楼梯板进场质量偏差应符合表 3.7.9 的规定。

预制楼梯板安装检测标准表　　　　　　　　　表 3.7.9

项目	允许偏差（mm）	检验方法
单块楼梯板水平位置偏差	5	基准线和钢尺检查
单块楼梯板标高偏差	±3	水准仪或拉线、钢尺检查
相邻楼梯板高低差	2	2m靠尺和塞尺检查

10. 预制装饰板安装质量要求

（1）预制装饰板临时固定措施应有效可靠。

（2）焊接质量应符合相关规定。

预制装饰板进场质量偏差应符合表 3.7.10 的规定。

预制装饰板安装检测标准表　　　　　表 3.7.10

项目	允许偏差（mm）	检验方法
单块装饰板水平位置偏差	5	基准线和钢尺检查
单块装饰板顶标高偏差	±3	水准仪或拉线、钢尺检查
单块装饰板垂直度偏差	3	2m 靠尺和钢尺检查
相邻装饰板高低差	2	2m 靠尺和塞尺检查
空腔构造相邻装饰板拼缝偏差	±3	钢尺检查
相邻装饰板平整度偏差	4	2m 靠尺和塞尺检查

11. 装配式结构节点区施工质量标准

（1）预制墙板吊装前，应进行灌浆接头连接钢筋隐蔽验收。

（2）预制墙板现浇节点区混凝土浇筑前，应进行预制墙板甩出钢筋及构件粗糙面隐蔽验收。

（3）预制叠合板类构件安装完成后，钢筋绑扎前，应进行叠合面质量隐蔽验收。

（4）预制叠合板类构件板面钢筋绑扎完成后，应进行钢筋隐蔽验收。

（5）预制墙板节点区后浇混凝土应采取可靠的浇筑质量控制措施，确保连续浇筑并振捣密实。

（6）预制构件安装完成后，应采取有效可靠的成品保护措施，防止构件损坏。

12. 预制构件拼缝防水节点施工质量要求

（1）预制构件拼缝处防水材料必须符合设计要求，并具有合格证及检测报告。必要时应提供防水密封材料进场复试报告。

（2）拼缝处密封胶打注必须饱满、密实、连续、均匀、无气泡，宽度和深度符合要求，胶缝应横平竖直、深浅一致、宽窄均匀、光滑顺直。

第4章 中国医药城工程质量创优及裂缝综合控制技术应用

4.1 工程概况

4.1.1 项目概况

中国医药城工程概况见表4.1.1。

中国医药城工程概况 表4.1.1

序号	项目	内容
1	工程名称	中国医药城商务中心
2	工程地址	泰州医药高新区三新路北侧，会展2号支路西侧
3	建设单位	泰州新恒建设发展有限公司
4	设计单位	建学建筑与工程设计所有限公司
5	勘察单位	安徽水文工程勘察研究院
6	监理单位	浙江江南工程管理股份有限公司
7	施工总承包单位	南通四建集团有限公司
8	建设规模	总建筑面积为81343m²，其中：地下部分建筑面积为25254m²，地上部分建筑面积为56089m²
9	结构层次	地下两层为地下车库，地上1栋主楼，21层，裙房建筑为4层
10	结构类型	主楼部分为框架-剪力墙结构，裙房部分为框架结构
11	总建筑高度	主楼：96.15m；裙房：30.05m
12	使用年限	50年
13	耐火等级	本工程为高层，建筑耐火等级均为一级
14	防水等级	一级
15	抗震设防烈度	7度
16	开工日期	2014年10月20日
17	竣工日期	2018年5月11日
18	质量要求	创省优"扬子杯"，争创鲁班奖
19	创建文明工地要求	创建江苏省文明工地，绿色施工

4.1.2 设计概况

1. 建筑概况

本工程集商场、餐饮娱乐与五星级多功能大酒店于一体，在设计上除满足一般酒店功能外，还根据自身特点融合了人防战备等多项建筑使用功能。

本工程建筑施工做法在设计形式上以满足建筑使用功能为主要目的，并综合考虑建筑外观的艺术性和城市特征及周围环境的统一协调，因此根据这些使用功能特点，本工程在建筑设计方面具有多样性。

本工程室内地坪设计标高±0.00相当于1985国家高程基准的5.45m，室内外高差：0.45m。

本工程外立面采用玻璃幕墙。玻璃采用双银钢化中空Low-E玻璃。

本工程共设自动扶梯2台，电梯22台。

本工程屋面构造共4种，分为不上人屋面、上人屋面（花岗岩和防腐木地板面层）、屋顶花园种植土屋面、游泳池植被屋面。

本工程为一类高层建筑，建筑耐火等级为一级，地下室耐火等级为一级，消防通道大于4m，共设5个防火分区，消防措施有自动喷淋系统、防火卷帘、防火门等。

本工程地下室一层为设备用房、酒店辅助用房、厨房、员工餐厅，地下一层夹层为非机动车停车库，地下二层为平时机动车停车库、设备用房，战时核6级、常6级二等人员掩蔽所及物资库。

本工程裙楼一层为酒店大堂、餐厅、厨房、设备用房等；二层为会议室、多功能厅、商务中心、公寓式办公、厨房、员工餐厅、更衣室等；三层为健身房、多功能厅、厨房、公寓式办公、设备用房等；四层为宴会厅、厨房、行政办公、公寓式办公。

本工程塔楼五层为设备转换层；6层为公寓、酒店、游泳池；7～21层为公寓、酒店。

2. 结构概况

本工程结构形式为塔楼，为框架-剪力墙结构，裙房为框架结构，地下室为框架结构；结构设计安全等级为二级，抗震设防烈度为7度。地下室防水等级为外墙Ⅱ级，机房、变配电间及外露顶板为Ⅰ级（表4.1.2）。屋面防水等级为Ⅰ级。

中国医药城结构特点概况　　　　表4.1.2

序号	部位		抗震等级
1	地下室部分	框架	地下一层：二级，地下二层：三级
2		剪力墙	二级
3	塔楼部分	框架	二级
4		剪力墙	二级
5	裙房部分	框架	二级
6		剪力墙	二级

本工程基础采用钻孔灌注桩：主楼桩径800mm，桩长45m，桩身混凝土等级水下C40；裙房桩径600mm，桩长24m，桩身混凝土等级水下C30。基础形式为桩承台、筏板基础，筏板厚度为600mm。

本工程采用的混凝土强度等级见表4.1.3。

混凝土所用强度等级概况　　　　　　　　　　　　　　　表 4.1.3

楼层及标高	主楼				裙房				主楼及裙房以外地下室			
	基础	墙	柱	梁板	基础	墙	柱	梁板	基础	侧壁	柱	梁板
地下室±0.00 以下	C35	C35	C35	C35	C35	C40	C40	C35	C35	C35	C35	C35
±0.000~37.550	—	C55	C55	C30	—	C60	C60	C35	—	—	—	—
37.550~49.250	—	C45	C45	C30	—	—	—	—	—	—	—	—
49.250~64.850	—	C35	C35	C30	—	—	—	—	—	—	—	—
64.850 以上	—	C35	C35	C30	—	—	—	—	—	—	—	—

地下室防水混凝土的设计抗渗等级见表 4.1.4。

地下室防水混凝土设计抗渗等级　　　　　　　　　　　　表 4.1.4

地下室底板	P8
地下室外墙	P8
地下室顶板（室外区域顶板）	P6
混凝土水池、水箱	P6

本工程采用的钢筋：A：HPB300 级热轧钢筋，B：HRB335 级热轧钢筋，C：HRB400 级热轧钢筋。

本工程的砌体结构：±0.000 以下填充墙采用 MU10 混凝土空心砌块、Mb10 水泥砂浆砌筑，防火墙处需以 C20 细石混凝土灌实；±0.000 以上填充墙采用 B06 加气混凝土砌块和专用砌筑砂浆砌筑，外墙厚度 200mm，内墙厚度 100mm、200mm，除图中注明外均砌至梁底或板底。

3. 地质概况

根据安徽水文工程勘察研究院提供的 2013 年 12 月《泰州高教投资发展有限公司中国医药城商务中心岩土工程勘察报告》（工程编号：TZ2013012），拟建场地处于扬子地层东北部，地层发育较齐全，中元古界海州群、张八岭群为区域变质岩系，构成扬子准地台基底；震旦系-三叠系不整合覆盖，以海相沉积为主，各系、组间成假整合或整合接触；侏罗系以陆相碎屑和中酸性火山岩为主，假整合在三叠系层位上；白垩系为内陆盆地，以红色碎屑岩为主，局部夹中性、碱性火山岩不整合在白垩系上；第四系以冲积、湖沼相、三角洲相及海相为主，属长江三角洲和淮河流域。

泰州市区主要属新华夏系第二巨型隆起带，该构造体系始于震旦纪，结束于三叠系，场地位于苏北拗陷区金湖—东台坳陷泰州低凸起西部，该凸起似透镜状，西起以泰州—安丰断裂为界，东南至大泗庄—邓庄断裂。场地区及附近无新近的活动断裂通过，处于相对稳定的构造断块中。场地附近有记载的地震除 1624 年 2 月扬州 6 级地震较大外，其余均为小震，地震活动对场地区影响不大。

按其成因、沉积环境及土层的工程地质特性，自上而下共分为 9 个工程地质层。工程地质层大体呈水平层状分布，各岩土层分述如下：

① 层表土：灰黑等杂色，结构松散，力学性质极不均匀，高压缩性，由粉土粉砂等

组成，密实度和厚度均匀性差。场区普遍分布，厚度：1.00～3.50m，平均 1.66m；层底标高：0.32～3.95m，平均 3.24m；层底埋深：1.00～3.50m，平均 1.66m。

②层粉砂夹粉土：灰黄-灰色，组成矿物成分主要为石英、长石等，具云母碎屑，颗粒级配良好，次圆状，黏粒含量低，饱和，稍密-中密；局部夹粉土，摇振反应迅速，无光泽反应，低干强度，低韧性，混合状，无层理特征。场区普遍分布，厚度：4.00～7.50m，平均 6.20m；层底标高：－4.08～2.22m，平均－2.96m；层底埋深：7.20～9.00m，平均 7.86m。

③层粉细砂：灰色，组成矿物成分主要为石英、长石等，具云母碎屑，颗粒级配不良，次圆状，黏粒含量低，饱和，中密-密实，局部夹粉土。场区普遍分布，厚度：17.00～20.00m，平均 18.05m；层底标高：－22.56～19.75m，平均－21.01m；层底埋深：24.60～27.50m，平均 25.91m。

④层粉砂夹粉土：灰色，组成矿物成分主要为石英、长石等，具云母碎屑，颗粒级配良好，次圆状，黏粒含量低，饱和，稍密-中密，局部夹粉土，摇振反应迅速，无光泽反应，低干强度，低韧性，混合状，无层理特征。场区普遍分布，厚度：1.50～6.40m，平均 3.54m；层底标高：－26.99～22.85m，平均－24.56m；层底埋深：27.70～31.70m，平均 29.46m。

⑤层粉细砂：灰色，组成矿物成分主要为石英、长石等，具云母碎屑，颗粒级配不良，次圆状，黏粒含量低，饱和，中密-密实，局部夹粉土。场区普遍分布，厚度：9.80～24.10m，平均 19.00m；层底标高：－47.67～35.03m，平均－43.56m；层底埋深：39.60～52.70m，平均 48.46m。

⑥层粉质黏土：灰色，软塑-可塑，稍有光滑，无摇振反应，中等干强度，中等韧性。场区普遍分布，厚度：1.60～5.70m，平均 3.36m；层底标高：－51.44～44.72m，平均－48.88m；层底埋深：49.80～56.40m，平均 53.92m。

⑦层粉细砂：灰色，组成矿物成分主要为石英、长石等，具云母碎屑，颗粒级配不良，次圆状，黏粒含量低，饱和，密实。场区普遍分布，厚度：0.90～14.00m，平均 7.34m；层底标高：－59.66～44.96m，平均－54.94m；层底埋深：49.80～64.80m，平均 59.94m。

⑧层细砂：灰色，组成矿物成分主要为石英、长石等，具云母碎屑，颗粒级配不良，次圆状，黏粒含量低，饱和，密实。场区普遍分布，厚度：4.35～16.20m，平均 15.15m；层底标高：－75.77～64.01m，平均－74.63m；层底埋深：68.85～80.90m，平均 79.67m。

⑨层中细砂：灰色，组成矿物成分主要为石英、长石等，具云母碎屑，颗粒级配不良，次圆状，黏粒含量低，饱和，密实。该层未穿透。

本工程场地为湿润区，属Ⅱ类场地环境类型，本场地地下水对混凝土结构无腐蚀性，对钢筋混凝土中的钢筋无腐蚀性，对钢结构有弱腐蚀性。

4. 施工条件

（1）施工用水、电已经接入施工现场，场外道路畅通。

（2）施工现场比较狭小，进场时针对本工程施工场地特点合理布置各种临时设施，生活区与施工区相互独立分开布置，生活区设置在甲方指定的地方。

（3）针对本工程特点，公司调集一批技术水平高、业务能力强、经验丰富的业务尖子组建成强有力的项目管理机构，全面贯彻相关标准，对本工程实施全面管理。

4.1.3　施工的重点和特点

1. 本工程的重点

通过对施工图纸的认真学习和研究，本工程施工重点主要有：地下室的基坑支护和降水；邻近建筑和已有设施的防护安全措施；特殊环境等特殊情况下的施工措施；地下室后浇带的施工。

2. 本工程的特点

（1）具有工程量大、设计标准高、技术要求复杂、涉及专业面广等特点，为此，现场项目工程指挥部将根据工程的进展情况，在业主的宏观控制下及时调整管理模式和管理重点。

（2）质量要求高：质量目标为一次性验收合格并创优质工程奖。

（3）安全要求高：安全目标为江苏省省级文明施工工地。

（4）机械设备投入量大：由于工程量大，因此充分利用机械设备是有效提高劳动效率的一个有效途径，为此，必须组织一大批先进、高效、低耗、低污染的设备进场施工，具体详见后文的拟投入机械设备用量表。

（5）劳动力投入集中：根据工程量大的特点，各工作面（除存在工作面的相互干扰外）必须全部同时施工，因此在劳动力的投入量上远远超过一般普通工程，如何协调好各个工作面、各个专业工种的关系将直接影响到本工程的进度，为此，将针对本工程特点建立一套全面的管理体系，充分协调好施工过程中各方面的相互关系。

4.2　施工部署及总平面布置

4.2.1　总承包管理体系

本工程工期紧、标准高、涉及的专业广，明确各参建单位在本工程项目组织结构中所处的位置和相互关系，是保证工程项目建设科学有序地进行的基础。在把该工程建设成一流建筑精品的同时，也要实现优质、高速、低成本的目标。

4.2.2　施工部署

1. 施工部署的总体原则

为保证该工程主体、装修均尽可能有充裕的时间施工，按期完成施工任务，应考虑各个方面的因素对工程的影响，充分筹划任务、人力、资源、时间及空间的总体布局。总体施工部署按照"先结构后装修，先土建后安装，先室内后室外"的顺序进行（图4.2.1）。

2. 在时间上的部署原则——季节性施工考虑

根据总的工期安排，本工程土建计划工期为1300d，根据招标文件提供的计划开工日期推算，本工程各个分部工程均经历严寒酷暑。根据这些特点，本工程施工前必须采取必要措施，计划好冬季、雨季、高温季节、农忙季节的施工措施。

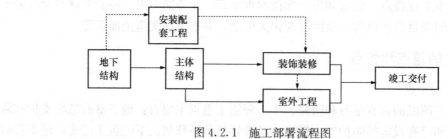

图 4.2.1　施工部署流程图

3. 在空间上的部署原则

为贯彻"空间占满时间连续、均衡协调节奏、力所能及富有余地"的原则，保证工程按照总进度计划完成，在施工组织上要考虑安排主体与装饰装修、主体与安装及安装与装修的交叉流水作业。

4. 在人力的安排和部署原则

在人力资源上，各专业均按作业班进行人力配备，班组编排按照 24h 连续作业编排。本工程关键工序施工班组主要有：钢筋、模板、砌筑、抹灰、水电安装等。

5. 在资源上的部署原则

为确保各个工作面不闲置、连续作业，结合本工程的结构形式，本工程主体施工阶段的垂直运输计划采用 3 台 QTZ63 型塔式起重机，主塔楼安排两台室外双笼人货电梯作为垂直运输工具；其他施工用机械设备的配备以"最大限度地提高劳动效率和满足实际施工需要"为原则，具体详见后文"表 4.4.1　主要施工机械机具用量计划"。

4.2.3　施工区段的划分

考虑到工期比较紧张，结合本工程特点，地下室及裙房按后浇带划分为 3 个施工段，主体分部按 A 楼、B 楼划分为两个施工段。

4.2.4　施工流程

1. 地下室按后浇带由北向南流水组织施工，结构部分两个施工段分别按照各自的建筑层次全面投入施工，砌筑及二次结构根据工作面的具体情况插入施工。

2. 装饰施工阶段按照内装修、外装修、楼地面及门窗安装、幕墙安装等作业进行立体交叉和平行流水施工。水电预埋及预留随土建进度穿插进行，水电的安装与室内装饰装修作业合理穿插，不影响工程总进度。

4.2.5　施工总平面布置

1. 施工现场平面布置原则

（1）科学、合理地做好分阶段施工现场平面布置是施工组织的重要环节，所有的施工前期准备工作都要以平面布置合理、紧凑为前提。由于本工程施工现场场地比较狭小，在满足施工条件下，尽量节约施工用地。

（2）施工临时道路和各类加工场地均采用 C20 混凝土进行硬化，施工临时道路混凝土厚度为 150mm，加工场地混凝土厚度为 100mm，并做好排水。施工现场内尽量不驶入大型、重型车辆，以防止机械使用过程中压伤路面和场地。

（3）职工生活区与施工生产区及办公区分开，以便于管理。

（4）充分考虑下水的排除，应设置沉淀池，对施工产生的废水，应汇集并经沉淀后排至污水处理池，经处理后排入场外市政污水管网。

2. 现场标准化管理布置要求

为搞好现场文明施工，提高现场管理水平，维护好场容场貌，确保工程顺利施工及周边环境正常工作，对现场实行围护墙封闭管理，大门口设置醒目企业标牌，大门内侧设置"十牌一图"并亮化。生产区严格按总平面布置要求进行。

（1）生产区

1）施工现场的主要地段按标准化的要求设置铭牌，作业区按标准悬挂相关的操作规程。

2）现场临时排水措施要切实可行，不得乱排水，雨季汛期要考虑到对周围环境的影响，必须采取有力的排水措施。

3）机具设备、各类建筑材料堆放有序。施工阶段派专人打扫，经常喷水，防止垃圾和灰尘飞扬，不得污染路面和周边环境，保持道路清洁和场容场貌及周边绿化。

4）现场需设置醒目的宣传标语，悬挂安全、质量等方面的宣传警示牌。

5）现场划分环境卫生责任区，并在醒目位置设置包干图，按规定设置厕所和垃圾容器，同时落实专人负责管理清扫工作。

6）加强施工现场的安全用电管理，各种设施需符合标准，并设置明显的防火布置和足够的消防器材，定期检查。

7）现场需加强材料管理，切实做到工完料净。

（2）生活区

1）职工生活区设置在业主指定位置。生活区统一布置岩棉夹心活动板房作为职工宿舍，共计七栋。

2）生活区常用设施齐全，规范、合格，并定期检查清扫。

3）生活区环境整洁，并落实专人负责清扫管理工作。

4）搞好生活区的宣传工作，宣传标语须整洁、规范，宣传旗帜要清洁、鲜艳，宣传窗要常换常新。

5）职工食堂要符合泰州市卫生管理的有关规定。职工宿舍要干净、整洁。寝具按要求叠放整齐，宿舍内不得乱拉电线、私接插座。

6）加强消防管理，消防器材、设备、人员到位，符合标准，并落实除四害措施。

3. 施工现场临时生产设施的布置

（1）垂直运输机械：施工塔吊、施工电梯平面布置详见总平面布置图。

（2）现场零星钢筋加工场布置在建筑物东侧，部分加工场因现场场地狭小，待地下室回土后再进行布置，仓库等临时设施布置在建筑物西北角，并在塔吊上安装照明用的投光大灯。

（3）钢筋加工棚处：分别安置钢筋弯曲机和钢筋切断机。

（4）木工加工棚处：分别安置电锯和电刨，木工加工场必须设消防器材。

（5）现场设置临时仓库，放置小型电动机械及其他材料，设置消防器材。

（6）场地材料堆放按总平面布置图要求进行堆放，钢筋、模板、脚手架构件堆放，均安排在塔吊的回转半径内，且布置整齐，并对所有的堆放材料按照要求悬挂标牌，进行标识，保证施工现场的标准化。

4．施工现场场内道路的布置

（1）新建建筑物四周待地下室回填后，将全部进行硬化，硬化做法为：一般场地用碎石垫层 100mm 厚，上铺 100mm 厚 C15 混凝土面层；主要通道为 200mm 厚碎石垫层，上铺 150mm 厚 C15 混凝土面层。

（2）在车辆进出大门处设简易的沉淀池和汽车冲洗台，确保车辆进出清洁。

5．施工用电、用水与通信的布置

（1）施工用电

本工程由业主委托供电部门提供电容量为 500kVA 的临时供电电源，电源位置位于现场西南角，设有总配电间，现场采用 380V 低压供电。

本工程现场用电线路全部采用橡套软电缆埋地敷设，采用三相五线制电缆，三级配电，二级保护，接地方式采用 TN-S 形式。

现场设一间砖混结构的施工总配电房，大型机械动力线用 50mm^2、25mm^2 电缆从分配电柜引到塔式起重机、施工电梯、钢筋机械。照明线采用 16mm^2 电缆，提供镝灯及其他照明。

本工程进场后，将编制的施工临时用电方案经业主、监理审批后，现场方可实施。

（2）施工用水

由业主负责提供临时施工用水接口，临时施工用水位置位于现场西南角，施工现场用水采用市政自来水。

各楼层供水采用 100m 扬程的高压水泵加压供水。

（3）临时通信

对于外界联系，现场主要通过会议、电话、传真和网络等，现场内联络调度指挥采用对讲机群。

4.3 项目管理组织机构

4.3.1 施工生产组织体系

根据本工程工期紧、工作量大、质量要求高的特点，公司成立以公司副总经理为总指挥的项目管理机构，代表公司对本工程的质量、安全、进度、文明等方面的管理。

本工程的项目指挥部组织机构按照精干、高效、职能明确、管理科学的原则进行组建。

由项目总指挥、项目经理、项目副经理、项目工程师组成最高管理层，对整个项目工程行使管理和决策职能。项目经理直接对总指挥负责；项目工程师、项目副经理直接对项目经理负责。

同时，按照分工负责的原则，项目经理直接领导经营核算科，对资源供给、劳务管理、成本核算、资金使用等进行控制，行使相应指挥职能；项目工程师负责工程的技术科，行使工程的技术管理、质量控制职能；项目副经理按专业设置领导施工生产科，负责相应专业工种的现场施工、进度控制、安全管理、组织协调等指挥职能；各专业技术管理人员与施工班组长组成现场施工作业管理的联合体，全面渗透到每个分部分项工程的施工中，直接对项目最高管理层负责，各个部门管理关系如图 4.3.1 所示。

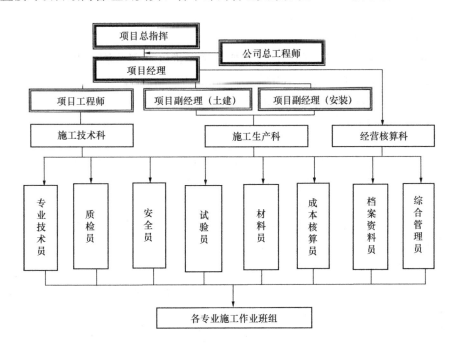

图 4.3.1　施工生产组织体系图

4.3.2　施工现场项目经理部

1. 项目经理

为确保本工程优质、高效地建成，选派出具有多年管理经验的国家注册一级建造师担任本工程的项目经理。

2. 项目部管理层

针对本工程特点，将选派一批技术水平高、业务能力强、现场经验丰富的业务尖子组建成工程的项目管理层。

3. 项目部作业层

项目部作业层按照公开、公正、公平的原则由项目部择优选拔竞争上岗，要求进入作业层的人员必须技术素质过硬、安全质量意识高、工作责任心强、施工经验丰富。通过项目部的优化组合，组建了一支素质过硬、能征善战的队伍，保质保量地如期完成了本工程的施工任务。

4.3.3　项目部主要管理人员职责

1. 项目经理职责

（1）认真贯彻和执行国家及地方政府有关部门工程建设方面的法律、法规和条例，自觉维护企业及职工的利益，与建设单位、监理密切协作，确保各项施工目标的顺利完成。

（2）科学组织和管理进入施工现场的人、物、财，并做好人力、物力、财力的供应协调工作，及时解决施工中出现的问题。

（3）对工程项目有经营决策和生产指挥权，有对项目部管理人员、作业队选择权和资金分配权及项目部资金的使用权。

（4）全面负责项目部的施工管理，认真抓好施工进度计划及施工组织设计的编制工作，组织制定质量及安全生产措施并组织实施。

（5）全面履行施工合同，按合同约定圆满完成施工任务。

（6）对分包单位的组织协调管理行使总包职责。

2. 项目副经理职责

（1）协助项目经理搞好各项工作，首要任务是施工生产，搞好各方协调工作。

（2）落实质量规划、安全生产工作的实施工作，有权对作业队伍施工人员进行调配。

（3）掌握工程进展情况，及时解决施工中出现的问题，对材料、设备进行协调。

（4）贯彻国家有关文件、法律、法规。

3. 项目工程师职责

（1）全面负责工程技术管理工作，认真贯彻执行国家的技术法规、规范、验收标准。负责图纸会审及施工组织设计的编制、审核工作。

（2）对图纸中出现的问题及时反馈给建设单位及设计单位，以便得到解决，并办好设计变更及签证手续。

（3）负责审核技术交底、安全交底及质量安全措施的编制工作，及时组织隐蔽工程的检查及各项复核工作。

（4）组织好测量放线工作，及时对工程实体按规定进行复核，并签字认可。

（5）组织施工现场的试验检验工作，对进场的各种材料严格按照有关部门规定组织复检，对现场试验要经常检查，对各种材料及各个部位的试验、复检要心中有数。

（6）负责组织施工资料的积累和编整工作，各分部分项工程的资料必须齐全、完整，确保资料签字、盖章齐全，并负责工程完工的质量评估和备案工作。

（7）积极组织进行新技术推广应用工作，针对施工中涉及的新技术、新工艺、新材料，应认真组织试验并实施。

（8）组织开展技术培训、总结及交流工作，编制工艺流程图，参加验槽、基础、主体及竣工验收。

4. 施工员职责

（1）组织落实施工方案、进度计划、质量及安全措施。

（2）参加图纸会审、隐蔽验收、技术复核及中间验收，并参与职工人工工资的测算。

（3）切实安排好施工班组的任务交底工作，确保人员及时到位，检查技术交底、安全交底的实施情况，出现问题及时解决。

（4）组织脚手架、提升架及各种大型设备的安装验收，落实保养措施。对脚手架、提升架等各种大型设备的拆卸有可行的操作措施。

（5）参加质量安全检查评比，搞好工序交接工作。

5. 质检员职责

（1）认真贯彻落实执行"质量管理条例"，掌握各种检查验收规范及标准，执行质量"一票百决"制度。

（2）及时对分部、分项工程进行检查评定，搞好日检、旬检、月检工作。

（3）参加隐蔽工程及复核工作，参加工程验槽、基础、主体及竣工验收。

（4）对不合格品要及时下达返工通知书，做到不合格的部位不隐蔽、不漏检，并重新评定等级。

（5）及时向项目部汇报质量情况，负责监督试块的制作养护、送检工作。

（6）有权按照项目部规定，对出现不合格品的作业人员进行处罚，确保每个分部分项工程质量。

6. 安全员职责

（1）认真学习和贯彻国家和建设行政管理部门颁布的安全生产及劳动保护的政策、法律、法规、安全操作规程，以及本单位制定的安全生产制度，并督促贯彻落实。

（2）经常对职工进行安全生产的宣传教育，切实做好新工人、学徒工和民工的安全教育，并及时督促检查各班组、各工种的安全教育实施情况。

（3）参加单位工程的安全技术措施交底，并提出贯彻执行的具体方案和措施。

（4）按安全操作规程、安全标准和要求，结合施工组织设计和现场的实际，正确合理地布置和安排施工现场中的安全工作。

（5）深入施工现场，及时了解与掌握安全生产的实施情况，发现违章作业和不安全的问题，及时提出改进措施。

（6）负责组织各班组的安全自查、互检和施工队的月检，通过检查发现的问题，及时提出分析报告和处理意见。

（7）参与工伤事故的调查与分析，协助有关部门做好事故的处理工作，做好事故统计台账，按时填报安全生产报表。

（8）有权对违章指挥、违章作业人员加以制止，遇重大隐患，有权先暂停生产，待整顿合格后，方能复工操作；对违章及违反劳动保护法者，经劝阻无效，有权采取经济措施和越级上报；有权检查特殊工种操作证，无证上岗者可停止其工作。

（9）做好安全生产资料。

4.4　施工准备与资源配备

4.4.1　技术准备

1. 派有关人员进驻现场进行现场交接，并重点针对各控制点、控制线、标高点等进行复核，同时根据总平面图进行建筑工程的测量定位校核，并办理好相关的交接手续。再经有关部门对现场控制点、控制线（红线）复核无误后，根据建筑布局特点，测放好本工程的施工控制线，并做好施工引测控制点。

2. 根据施工中发生的变化，调整原先编写的施工方案，及时向监理、业主提交符合实际的施工方案，经审批后并实施。

3. 根据本工程特点确定本工程的质量控制要点部位，并编制工程质量实施细则，分解施工质量控制目标，建立施工质量保证体系，编制专业作业指导书，并提前对各施工班组进行技术交底。

4. 统一组织相关人员学习、熟悉施工图纸，领会设计意图，做好图纸会审准备工作，准时参加图纸会审。并定期对施工人员和操作人员组织培训学习，进行技术交底。

5. 编制施工成本控制实施细则，分解施工成本控制标准，建立施工成本信息监控体系。编制材料、设备进货计划。组织价格摸底，提供样品供甲方认可，以便及时落实货源。

6. 组织人员进行钢筋、模板翻样工作，绘制翻样图及钢筋料单表。

7. 编制施工进度计划控制实施细则，分解工程进度控制目标，提供业主指定分包队伍的进退场计划，明确各自职责，确保工期。

4.4.2 场内准备

1. 施工现场四面临时围墙已搭建，满足搭设标准和规范的要求，工地大门临时办公区大门按标准搭设，按照创建文明工地要求对施工区域进行封闭，搭建临时设施。

2. 在正式开工前，按照施工总平面布置图安装施工机械，对临时生活设施做好施工道路的硬化，临时用电布设、临时生产设施的搭设和大型机械设备的进场与就位。

3. 平整现场材料堆放场地，修整施工临时道路，做好拟建建筑物四周及临时道路排水工作。

4. 组织塔式起重机基础的施工，力争塔吊安装在基础垫层施工前完成，及时投入使用。

5. 钢筋、木工等中型机械开工前进场调试就位，以不影响施工为准。

6. 其他小型机具使用前一周提供材料计划，以便调剂或购置。

7. 对模板钢管等周转材料编制材料采供计划，提早考察货源。

4.4.3 场外准备

1. 向泰州市相关部门提交申请报告，办理好有关开工手续。

2. 提前与监理、业主等部门联系，了解其内部有关规章制度及要求。

3. 提前与当地卫生、环境、市容、交通、工商、派出所、居委会等部门取得联系，办理有关手续，沟通各方关系。

4.4.4 主要施工机械设备的配备

为使本工程"优质高速"顺利进行，本公司所有机械设备均配套齐全，并能保证在任何施工阶段都不会影响工程的正常进行。塔式起重机、施工电梯、钢筋机械提前进场，充分利用机械，以确保工程顺利按计划实施或提前完成。拟投入的主要施工机械机具用量见表4.4.1。

主要施工机械机具用量计划　　　　　　　　　　　表 4.4.1

序号	名称	型号规格	数量	序号	名称	型号规格	数量
1	塔式起重机	QTZ63	3	17	对焊机	UN-100	2
2	施工电梯	SCD200/200	2	18	压力焊机	BX3-630	2
3	搅拌机	JZ350	2	19	潜水泵	QX32	10
4	钢筋弯曲机	GWB-40	2	20	台钻	LT-24J	2
5	钢筋切断机	GQL32	2	21	电锤	—	10
6	钢筋套丝机	Z3T-LIS-100	2	22	钢管套丝机	Z3T-LIS-150	4
7	卷扬机	JJM-3	2	23	砂轮切割机	—	10
8	圆盘锯	MJ104	4	24	手电钻	JIZ-ZD$_2$-13A	10
9	平板刨	MB106	2	25	液压千斤顶	ST	2
10	压刨	—	1	26	手动葫芦	3T	4
11	台式砂轮机	—	1	27	手持砂轮机	$\phi100/10$	4
12	蛙式打夯机	HW-60	6	28	电动试压泵	—	1
13	插入式振动器	ZX50×6M	16	29	手动试压泵	—	2
14	平板振动器	BP1.5	4	30	咬口机	1/HL-12	2
15	高压水泵	BS-150	2	31	折边机	1/113-112	1
16	电焊机	AX7-300	3	32	开槽机	GMS34	2

4.4.5　主要材料投入计划

材料的采购与供应：材料员根据材料计划的数量规格，按照质量要求及合同规定的品牌，确定质量可靠、信誉良好的供货厂商供货，并按材料检验的程序对材料进行抽检、复检，确保原材料质量合格，供应及时。拟投入的主要材料见表 4.4.2。

主要材料投入计划表　　　　　　　　　　　表 4.4.2

序号	周转材料名称	规格	需用量	来源	备注
1	钢管	$\phi48×3.0$	500 吨	租赁	—
2	扣件	直角、回转	20 万只	租赁	—
3	楼板、楼梯模板	定型胶合板制	4 套	定制	每层为 1 套
4	墙、柱定型模板	定型胶合板制	2 套	定制	每层为 1 套
5	梁定型模板	5cm 厚木板	底模 3 套，侧模 2 套	定制	每层为 1 套
6	脚手板	50mm×300mm×4000mm	300 块	购置	—
7	可调顶撑	$\phi50$	1500 套	自有	—
8	木枋背楞	50mm×100mm	600m³	购置	—
9	胶合板（包括定型模板）	1200mm×2400mm×18mm	10000 张	购置	GB 标准
10	竹笆	1000mm×2000mm	10000 张	购置	—
11	密目式安全网	1800mm×6000mm	2000 口	购置	不包含库存
12	安全带		110 套	购置	安鉴产品

4.4.6 施工计量、检测仪器和工具用具配备

配备的施工计量、检测仪器和工具用具见表4.4.3。

施工计量、检测仪器和工具用具配备表 表 4.4.3

序号	施工计量、检测仪器和工具用具	型号、规格、精度	单位	数量	配备单位
1	钢卷尺	5m 或 3m	把	40	主要工种操作人员
		50m	把	4	测量组
2	激光测距仪	PENTAX、MD-20	台	2	测量组
3	水准仪	PEMAX、AL-M、S3	台	3	测量组
4	光学经纬仪	J2-1	台	2	测量组
5	激光铅垂仪	JG-91	台	1	测量组
6	全站仪	S06613	套	1	测量组
7	线锤	0.5kg	只	30	工长，班组质检组
		1.0kg	只	15	班组
		5.0kg	只	4	测量组
8	数字万用表	—	只	4	电工组
9	兆欧表	ZC25B-30-500V	只	2	电工组
10	接地电阻测试仪	—	只	1	电工组
11	风速仪	—	台	1	暖通组
12	转速仪	—	台	1	暖通组
13	温度测试仪	—	台	1	暖通组
14	游标卡尺	—	把	2	水工组
15	水准尺	450mm	把	10	工长，班组质检
16	塞尺	楔形 120mm	把	4	质检
17	靠尺	2000mm×100mm×15mm	把	2	质检
18	托线板	2000mm×150mm×15mm	把	10	班组
19	坍落度筒	—	只	2	施工
20	混凝土试压模	150mm×150mm×150mm	组	10	施工
21	砂浆试模	—	组	6	施工
22	混凝土抗渗模	ϕ170×180mm	组	4	施工

4.4.7 现场临时设施表

施工现场临时设施见表4.4.4。

现场临时设施表 表 4.4.4

序号	临建名称	位置	结构
1	职工宿舍	场外设置	岩棉夹心彩钢板活动房
2	食堂餐厅	场内设置	岩棉夹心彩钢板活动房
3	民工学校	场外设置	岩棉夹心彩钢板活动房
4	浴室与厕所	场外设置	岩棉夹心彩钢板活动房

续表

序号	临建名称	位置	结构
5	办公室、会议室	场外设置	装配式钢筋混凝土结构
6	材料仓库	现场搭设	单层岩棉夹心彩钢板房
7	钢筋加工棚	现场设置	钢管搭设，加厚彩钢板屋顶
8	木工加工棚	现场设置	钢管搭设，加厚彩钢板屋顶
9	门卫房	现场设置	单层彩钢板结构
10	配电房	现场设置	岩棉夹心板
11	钢筋原材堆场	现场设置	混凝土硬化场地

4.4.8　主要劳动力配备

施工劳动力是在施工过程中的实际操作人员，是施工质量、进度、安全、文明施工的最直接保证者，因此在选择操作层人员时的原则为：具有良好的思想素质和职业道德，具有良好的质量、安全意识，具有较高的技术等级和操作水平，并参与过大型省、市优质工程施工的操作人员。

公司根据项目部的各施工阶段劳动力需求计划，在全公司进行平衡调配，以确保施工正常进行。

4.5　主要分部分项工程施工方案

4.5.1　施工步骤

1. 总体流程

施工总体流程如图 4.5.1 所示。

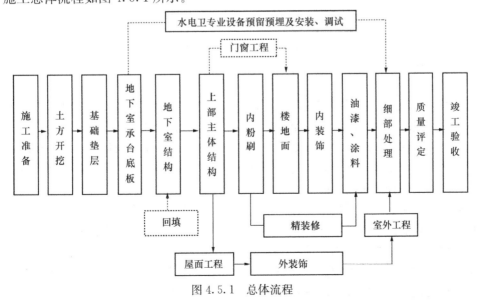

图 4.5.1　总体流程

2. 钢筋混凝土结构层施工流程

钢筋混凝土结构层施工流程如图4.5.2所示。

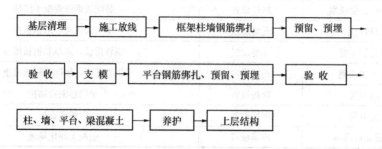

图4.5.2　钢筋混凝土结构层施工流程

3. 砌体施工

砌体结构施工流程如图4.5.3所示。

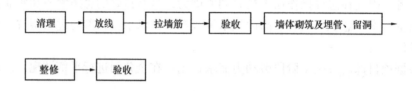

图4.5.3　砌体结构施工流程

4.5.2　工程测量

依据设计图纸和甲方给定的坐标控制点，进行建筑物的定位放线，建立施工测量控制网。控制点的设置位置一般在便于施工复核且又不易被破坏的地方，同时，控制点的周围必须做好防护措施和警戒标志。

1. 总平面控制网的布设

根据对工程总平面布置图的分析，结合本工程的特点和现场踏勘的情况，拟在建筑物的东边、西边道路上分别设置平行于①、⑮轴的控制线，在北栈桥上设置①轴，三条线形成一个控制系统，根据各自的相对位置在此控制系统内进行定位。

2. 内部控制网的设置

通过总平面直角坐标系对其他角点定好位后，便可以根据自身布局设计特点，确定各自内部的平面定位控制系统，以方便对建筑各个部位的施工放样。单体内部定位控制网的确定以"方便、快捷、准确"为原则。由于本项目各个单体工程布局设计均为比较有规则的矩形，因此各个单体内部平面上的定位控制，仍采用直角坐标定位控制系统。本工程的轴线及标高的垂直传递采用"内控法"。

基础及主体工程施工测量：基础工程施工主要用经纬仪、水准仪对建筑物的轴线和标高进行引测和控制。主体工程施工时，为提高测量的精度，减少测量误差，将激光铅垂仪、经纬仪和水准仪结合使用，进行施工测量。

主体施工中，运用"内控法"通过激光铅垂仪将控制轴线依次由下而上传递到施工层，经复核无误后，再用经纬仪投测各轴线，确保轴线的正确。

3. 高程测量

标高控制根据建设单位提供的水准点，利用水准仪、塔尺、钢尺传递至拟建建筑物附近，做好标高控制点，并做好保护和警戒标志。同时，以建设单位提供的控制点为永久性控制点，定期对各个控制点进行复核检查。

在建筑结构施工高出自然地面以后，在建筑的边柱（框架柱）高于自然地面部位（一般为 +0.500 位置）设置一标高引测控制点，同时在该柱上弹出铅垂线，利用钢尺沿铅垂线来向上传递各层控制标高。在实测过程中，对于高层建筑每三层要复测一次，及时校正误差，消除累积误差。

4. 建筑物的沉降观测

本工程的沉降观测点平面布置位置，在施工图中已经明确标注，在施工过程中必须按照图纸设计位置，准确设置。

在结构施工到底层柱后，对建筑物进行首次沉降观测，做好记录。在 ±0.000 以上的主体结构施工过程中，每施工一层进行一次沉降观测，主体结构封顶后每两周进行一次观测，竣工后一年内每月观测一次，竣工一年后每两月观测一次，直至沉降稳定（按照二级水准测量等级进行观测）。

沉降观测是一项较为长期的系统观测，为了保证观测成果的准确性，必须做到如下几点：

（1）"定人"，沉降观测的人员必须固定，避免由于人的视力等主观因素产生误差。

（2）"定器"，用于沉降观测的水准仪、塔尺等仪器工具必须固定，不得左右更换，且仪器精度必须符合国家二级水准测量要求的标准，避免由于不同仪器的精度不同而造成误差。

（3）"定点"，每次沉降观测的原始水准点必须始终为同一个原始水准点。

（4）"定法"，每次观测的方法必须一致，如转站、线路等都必须一致，这样可以消除由于不同的测量方法之间引起的测量误差，提高测量精度。

4.5.3　桩基工程

本工程的桩基工程由上海强劲地基股份有限公司施工，桩基工程施工专项方案已编制。

4.5.4　基坑围护、土方开挖

本工程的基坑围护方案由无锡市建筑设计研究院有限公司设计，由上海强劲地基股份有限公司专业施工单位施工。基坑围护及降水施工专项方案已经专家论证通过。

土方开挖拟用机械大开挖，分层开挖，坑底预留 30cm 进行人工捡底。

挖土时，设专人负责监控坑底标高及桩顶位置，防止超挖和碰撞桩头。基础承台坑和集水坑位置，由二次放线后，用一台小挖机挖出，人工配合修边，土方运至坑边，由大挖机挖出外运。每次挖土面积超过 200m² 以上时，应立即组织支模浇筑混凝土垫层。

4.5.5 地下室工程

一、地下室防水

1. 概况

本工程地下室防水等级为一级，地下防水采用抗渗混凝土结构自防水和外涂 JS 聚合物水泥防水涂料防水层相结合的防水方法。防水混凝土要严格控制防水外加剂的掺量，并按要求留足试块进行抗渗试验，现场浇筑时必须振捣密实。

2. 材料要求

进场材料必须有出厂合格证、省级以上的鉴定报告和准用证，材质必须符合国家有关规定。进场材料必须经复试合格后方可使用，大于 1000 卷抽 5 卷，500~1000 卷抽 4 卷，100~499 卷抽 3 卷，100 卷以下抽 2 卷，进行规格尺寸和外观质量检验。在外观质量检验合格的卷材中，任取一卷做物理性能检验。

3. 施工准备

（1）底板垫层浇筑厚 150mm C15 商品细石混凝土，浇筑过程中在混凝土面层上采用 20mm 厚 1:2.5 水泥砂浆抹平、压光，阴阳角处压抹成小圆角；在已浇筑的混凝土强度未达 $1.2N/mm^2$ 前不得在其上踩踏。浇筑底板混凝土垫层时，商品混凝土采用混凝土泵车送至浇筑地点。

（2）在底板垫层外围砌筑砖胎模，地下室混凝土底板范围砖胎模用 M5 水泥砂浆砌筑，高度小于 1.5m 的墙厚采用 240mm，高度大于 1.5m 的墙厚采用 370mm，墙长大于 4m 时增设砖柱垛。砖胎模内侧用 20mm 厚 1:2.5 水泥砂浆抹平压光，必须保证平整、光滑。

在施工地下室外墙部位的防水时，拆除砖胎模上的一皮砖墙，揭掉卷材上的五彩塑料布后即可进行防水层的搭接施工，从而保证整个底板和外墙的防水连成一个密封的整体。

（3）粘贴防水的基层含水率宜小于 8%。

（4）结构基层应平整、牢固、不得有起砂等缺陷；阴阳角及与管道等相连接处应做直径 80mm 的圆弧；同时表面应洁净、干燥。

（5）穿过墙面的预留套管和变形缝等，应验收并在卷铺前办理隐检手续。

（6）气温在 35℃以下和大气湿度低于 90% 且风力低于六级方可施工。

（7）卷材必须有产品出厂合格证，且应对其主要性能指标复检合格；防水操作人员必须有防水专业上岗证书。

（8）基层坚实平整，不得有突出的尖角和凹坑或表面起砂现象；当用 2m 长的直尺检查时，直尺与基层表面的空隙不应超过 5mm。

（9）施工前检查卷材，卷材应无破损。

4. 施工工艺

（1）施工流程

施工准备→基层处理→铺设准备→膨润土防水毯的铺设→防护措施。

（2）施工步骤

1）施工准备

① 准备 8m×10m 以上的平整空地，以便进行卸货和放样裁剪。

② 准备少量水源和直径 400mm、深 500mm 的水桶，以便配制膨润土膏（胶体）。

③ 准备几把电工刀，以便按地形裁割膨润土防水毯。

④ 准备几块长 4m、厚 25mm、宽 250mm 以上的木板，以便卸货。

⑤ 卸货时依据小心轻放的原则，将木板均衡地搁在卡车边缘，用人力或机械将膨润土防水毯卷材缓慢地从车上滚下，堆放整齐。

⑥ 堆放卷材的上方进行防雨遮盖，下方垫空 10cm 以上，并保持有良好的排水条件，预防下雨淋湿。

2）基层处理

① 基层包括支持层、垫层，以及相关的基础、墙体、底面和坡面等。

② 将需铺设面的素土用必要的设备整平夯实，压实度达 90% 以上，表面应平整光滑，不能有凸出 2cm 以上的岩石和其他尖锐物体，也不能有明显的空洞。

③ 基层表面应基本干燥，不能有明显的积水，如果地面有积水，要先进行排水作业，可设置排水沟、槽、坑进行排水。

④ 基层及构造阳角修圆半径一般不小于 30cm。

⑤ 膨润土防水毯施工前应对基层进行验收合格。

3）铺设准备

① 分析需铺设地形条件，安排先后次序，制定合理的铺设方案。

② 根据材料宽度和长度，预计分配合理的裁剪图或预案，做下料准备。

③ 将准备铺设的膨润土防水毯卷材在空地上展平，按预定方案裁剪成需要的形状。

④ 检查外观质量，记录并修补已发行的机械损伤和生产创伤、孔洞等缺陷。

⑤ 膨润土防水毯的施工应在无雨、无雪天气下进行，施工时如遇下雨、下雪，应用塑料薄膜进行遮盖，防止膨润土提前水化。

4）膨润土防水毯的铺设

① 大面积的铺设宜采用机械施工，条件不具备或小面积的也可采用人工铺设。

② 按规定顺序和方向分区分块进行膨润土防水毯的铺设。

③ 对裁剪后的材料，需小心缓慢卷起，用人力或机械运至铺设位置，再按要求展平拉平。

④ 按连接方案，将膨润土防水毯平整、搭接完美地铺设。卷材与卷材之间的接缝应错开，不宜形成贯通的接缝。

⑤ 膨润土防水毯搭接面不得有砂土、积水（包括霉水）等影响搭接质量的杂质存在。

⑥ 发现有孔洞等缺陷或损失时，应及时用膨润土粉或用破损部位尺寸放大 30cm 以上的防水毯及膨润土粉进行局部覆盖修补即可，边缘部位按搭接的要求处理。

5）防护措施

① 在铺设混凝土压实层以前，为防止接缝的走动，需在接缝处、卷材周边与素土结合处用水泥砂浆压缝，一般不小于 10cm 宽、2cm 高。

② 膨润土防水毯铺设完毕后，应立即进行混凝土面层的施工，以防止地下室水造成膨润土垫过度预膨胀，引起防渗功能下降。

（3）注意事项

1）如果地面有积水，要先进行排水作业。

2）如果地面有水气时，要做好排水措施后铺设，以防止膨润土防水毯的早期水化。

3）膨润土防水毯最少要搭接 15cm 主体部分和 30cm 边，并可以 30cm 间隔用钢钉和垫片将其固定。

4）膨润土防水毯施工后，施工人员一定要注意防止膨润土防水毯的损伤。

5）为了防止因雨水而发生的早期水化，垫层施工后应铺设 3～5cm 厚的水泥砂浆，以防止防水层接触水而早期水化。一般混凝土面层厚度不低于 10cm。

6）在进行下道工序之前要检查膨润土防水层是否流失，如有流失或损伤的部位，要用密封剂或膨润土粉末进行修补。

（4）质量标准

1）膨润土防水毯所用材料及主要配套材料必须符合设计要求和规范规定。

2）膨润土防水毯及其变形缝、预埋管件等细部做法必须符合设计要求和规范规定。

3）防水层严禁有渗漏现象。

4）基层质量：基面渗漏水治理和基面平整度应符合设计和规范的要求。

5）铺贴质量：铺设方法和搭接、收头符合设计要求、规范和防水构造图。

（5）保护层施工

膨润土防水毯施工完毕，应进行自检互检，合格后通知建设、设计及监理单位进行隐蔽工程验收，合格后在防水层上施工保护层。

（6）细部节点做法

1）侧墙与底板基础放脚分两次施工，第一次墙面由上向下施工至墙根部，第二次将底板上翻卷材铺贴覆盖放脚基础，水平与竖向搭接接缝留在水平面上距边缘 300mm 处（图 4.5.4）。

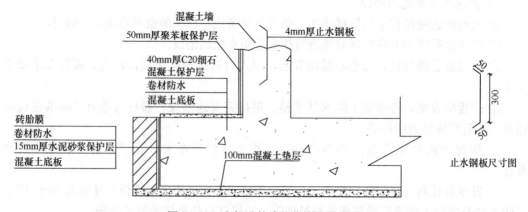

图 4.5.4　底板及外墙部位防水节点图

2）各种穿墙管道口施工至预留洞口根部，管道根部四周采用 300mm 宽附加层，详细做法参见现行国家标准《地下室防水工程质量验收规范》GB 50208—2011。

3）后浇带：构造做法见结构施工图。在回填土前砌好 240mm 厚挡土墙并放好后浇带盖板。为防止回填土挤坏挡土墙，应每隔三皮砖在灰缝中放置 2Φ8 通长拉接钢筋。

挡土墙及盖板阴阳角应用水泥砂浆抹成直径 50～80mm 小圆角，以防止破坏卷材防水层。

4）变形缝：变形缝处应增加卷材附加层，附加层总宽度为 600mm。

5）电梯基坑底部防水：由于地下室地下水位较高，电梯坑内非常潮湿，因此，施工地下室混凝土底板卷材防水时应在坑底满铺一层防水附加层。

5. 成品保护

（1）卷材施工完成后应清理干净，并不得有重物和带尖物品直接放置在卷材防水表面。

（2）做底板防水时，如有手推车在上行走，应在行车路线上铺多层麻袋或者铺设无残留钢钉的竹胶合板，通过试验可行后方可实施。

（3）底板混凝土保护层采用商品混凝土，混凝土通过泵车运送到地下室基坑内，并应防止混凝土直接冲击卷材防水层。

（4）浇筑混凝土过程中应随时清扫撒落的混凝土石子等杂物，防止扎坏防水层。

二、钢筋工程

本工程采用的钢筋：HPB330 级热轧钢筋，HRB335 级热轧钢筋，HRB400 级热轧钢筋。

1. 钢筋进场检验及验收

本工程钢筋采用Ⅰ级、Ⅱ级、Ⅲ级、Ⅳ级四个级别。

对进场钢筋必须认真检验，进场钢筋要有出厂质量证明和试验报告单，每捆（盘）钢筋必须有标牌，在保证设计规格及力学性能的情况下，钢筋表面必须清洁无损伤，不得有颗粒状或片状铁锈、裂纹、结疤、折叠、油渍及漆污等，钢筋端头保证平直，无弯曲。进场钢筋由项目部牵头组织验收。

进场钢筋按规范的标准抽样做机械性能试验，同炉号、同牌号、同规格、同交货状态、同冶炼方法的钢筋≤60t 为一批；经复试合格后方可使用，如不合格应从同一批次中取双倍数量试件重做各项试验，当仍有一个试件不合格，则该批钢筋为不合格品，不得直接使用到工程上。

钢筋加工过程中如发现脆断，焊接性能不良或机械性能不正常时，必须进行化学成分检验或其他专项检验。

2. 钢筋的储存

进场后钢筋和加工好的钢筋要根据钢筋的牌号，分类堆放在枕木或砖砌成的高30cm、间距 2m 的垄上，以避免污垢或泥土的污染。钢筋集中码放，场地必须平整，有良好的排水措施。码放的钢筋应及时做好标识，标识上应注明规格、产地、日期、使用部位等。

3. 钢筋的连接

底板钢筋均用通长钢筋，采用机械连接，在地面制作加工螺纹，经检验合格后吊入坑内。在坑内钢筋拟采用直螺纹连接方法，钢筋接头按规范或设计要求应错开。

（1）直螺纹钢筋连接施工

1）等强直螺纹接头

除顶板小规格（Φ18 及以下）钢筋以外，地下室底板水平钢筋均采用等强直螺纹连接，接头采用 A 级，验收要求依据现行有关标准。根据工艺需要，钢筋端头应用砂轮锯切除 150mm 端头。钢筋下料时切口端面应与钢筋轴线垂直，不得有马蹄形或挠曲，端部不直应调直后下料；镦粗头与钢筋轴线不得大于 4°的偏斜，镦粗头不得有与钢筋轴线相垂直的横向裂纹。不符合质量的镦粗头，应先切去再重新镦粗，不允许对镦粗头进行二次镦粗。

2）钢筋直螺纹接头施工工艺

等强钢筋直螺纹连接主要通过对钢筋端部一次滚轧成型为直螺纹，然后用预制钢套筒进行连接，这样经滚轧成型的直螺纹，有效地使钢筋母材断面积缩减最少，同时又使钢筋端头材料在冷作硬化作用下，强度得到提高，使钢筋接头达到与母材等强的效果。本工程采用的直螺纹接头类型有：

标准型：在正常情况下连接钢筋，用于柱、墙竖向钢筋连接。

正反丝扣型：在钢筋两端均不能转动时，将两钢筋端部相互对接，然后拧动套筒，在钢筋不转动的情况下实现钢筋的连接接长，此种接头在结构转换层大梁主筋施工中可以充分发挥作用。

① 施工工艺

直螺纹钢筋接头施工流程：现场施工人员培训→滚轧直螺纹机床安装调试→套筒进场检验、钢筋试滚丝→试件送样→钢筋下料→钢筋滚丝→钢筋端头螺纹外观质量检查→端头螺纹保护→钢筋与套筒连接、现场取样送试。

A. 钢筋端头滚轧直螺纹

钢筋滚轧直螺纹丝头端面垂直于钢筋轴线，不得有挠曲及马蹄形，要求用锯割或砂轮锯下料，不可用切断机，严禁用气割下料，钢筋滚丝。为了确保质量，工人必须经过培训考核合格后，持上岗证作业，对加工完成的丝头，要求操作人员进行自检。钢筋规格与滚丝器调整一致，螺纹滚轧长度、有效丝扣数量必须满足设计规定。

滚轧过程需要有水溶性切削液冷却和润滑，当气温低于 0°时，可加入 20%～30%的亚硝酸钠，严禁用油代替或不加切削液加工。钢筋丝头加工完毕后，应立即带上保护帽或拧上连接套筒，防止装卸时损坏丝头。减速机定期加油，保持规定的油位；接好地线，确保人身安全。做钢筋接头试件静力拉伸试验，钢筋连接以前按每种规格钢筋接头的 3%做钢筋接头试件，送检验部门做静力拉伸试验并出具试验报告。如有一根试件强度不合格，应再取双倍试件做试验，试件全部合格后，方准进行钢筋连接施工。

B. 钢筋连接施工

在进行连接施工时，钢筋规格与套筒规格一致，并保证钢筋和套筒丝扣干净、完好无损。标准型钢筋丝头螺纹有效丝扣长度应为 1/2 套筒长度，公差为 ±P（P 为螺距），正反丝扣型套筒形式则必须符合相应的产品设计要求。钢筋连接时必须用管钳扳手拧紧，使两钢筋丝头在套筒中央位置相互顶紧。钢筋连接完毕后，套筒两端外露完整有效丝扣不得超过 2 扣。

② 现场检验

A. 套筒现场检验：连接套筒进场时必须严格检验，严把质量关。供货单位必须出具直螺纹连接套筒的出厂合格证，标准套筒的规格、尺寸见表 4.5.1，套筒材料、尺寸、螺纹规格、公差及精度等级必须符合产品设计图纸的要求。

套筒现场检验要求　　　　　　　　　　　　　　　　　　表 4.5.1

钢筋直径（mm）	套筒外径（mm）	套筒长度（mm）	螺纹规格（mm）
16	25	42	M16×2.5
18	27	48	M18×2.5
20	30	50	M20×2.5
22	32	55	M22×2.5
25	38	60	M25×3.0
28	42	65	M28×3.0
32	48	70	M32×3.0

表面不得有严重的锈蚀、裂纹等其他缺陷。套筒两端必须加塑料保护塞。

B. 丝头加工现场检验

a. 检验项目

a.1　外观及外形质量检验：钢筋丝头螺纹应饱满，螺纹大径低于螺纹中径的不完整扣累计长度不得超过两个螺纹周长，钢筋丝头长度误差为 $+2P$。

a.2　螺纹尺寸的检验：用专用的螺纹检验环规，通端应能顺利旋入，并能达到钢筋丝头的有效长度，止端旋入长度不得超过 $2P$。

a.3　钢筋丝头表面不得有严重锈蚀及损坏。

a.4　适用于标准型接头的丝头，其长度为 1/2 套筒长度，公差为 $+1P$（P 为螺距）以保证套筒在接头的居中位置，正反丝扣型接头则必须符合相应的检查规定。

b. 检验方法及结果判定

b.1　加工工人必须逐个目测检查丝头的加工质量，出现不合格丝头时切去重新加工。

b.2　自检合格的丝头，应由质检员随机抽样进行检验，以一个工作班内生产的钢丝头为一个验收批，随机抽检 10%，当合格率小于 95% 时，应加倍抽检，复检中合格率仍小于 95% 时，应对全部钢筋丝头逐个进行检验，切去不合格丝头，重新加工螺纹。

b.3　丝头检验合格后，用塑料帽或连接套筒保护。

c. 接头现场检验

c.1　为充分发挥钢筋母材的强度，连接套筒的设计强度不小于母材抗拉强度，即合格钢筋接头的抗拉试验结果为破坏部位位于母材上。

c.2　钢筋连接工程开始前及施工过程中对每批进场钢筋进行接头工艺试验。工艺试验应符合下列要求：

c.2.1　每种规格钢筋的接头试件不少于 3 根。

c.2.2　接头试件的钢筋母材试验必须符合有关规范要求。

c.3　接头的现场检验按验收批进行。同一施工条件下采用同一批材料的同等级、同形式、同规格接头，以 500 个为一个验收批进行检验与验收，不足 500 个也作为一个验收批。

c.4　对接头的每一个验收批，必须在工程结构中随机截取 3 个试件进行单向拉伸强度试验，当 3 个试件单向拉伸试验结果均符合强度要求时，该验收批评为合格。如有一个试件的强度不合格，应再取 6 个试件进行复检，复检中如有一个试件试验结果不合格，则该验收批评为不合格。

c.5 在现场连续检验 10 个验收批，全部单向拉伸试件一次抽验均合格时，验收批接头数量可扩大一倍。

（2）电弧焊接

电弧焊是利用弧焊机使焊条与焊件之间产生电弧，熔化焊条与焊件的金属，凝固后形成焊接接头。本工艺具有操作简单、技术易于掌握、可用于各种形状钢筋和工作场所焊接、质量可靠、施工费用较低等优点。

1）材料要求

① 钢筋必须有出厂合格证及试验报告，品种和性能符合有关标准及规范的规定。

② 焊条必须符合设计要求，并按焊条说明书的要求进行烘焙后使用（焊接前一般在 150～350℃烘箱内烘焙）。

2）施工操作工艺

① 钢筋无锈蚀和油污，焊接前要检查钢筋的级别、直径符合设计要求。

② 焊接前应查看焊条牌号是否符合要求；焊条药皮应无裂缝、气孔、凹凸不平等缺陷。焊接过程中，电弧应燃烧稳定，药皮熔化均匀，无成块脱落现象。

③ 焊头的焊缝长度 h 应不小于 $0.3d$，焊缝宽度 b 应不小于 $0.7d$。

④ 搭接焊时，钢筋的装配和焊接应符合下列要求：搭接焊时，钢筋必须预弯，以保证两钢筋的轴线在一条直线上；搭接焊时，用两点固定，定位焊缝离搭接端部 20mm 以上。

⑤ 焊接时，引弧在搭接钢筋的一端开始，收弧在搭接钢筋端头上，弧坑添满。第一层焊缝要有足够的熔深，主焊缝与定位焊缝，特别是在定位焊缝的始端与终端，必须熔合良好。钢筋焊缝长度应满足表 4.5.2 的要求。焊条必须根据焊条说明书的要求烘干后才能使用。

钢筋焊缝长度 表 4.5.2

项次	钢筋级别	焊缝长度（单面）	焊缝长度（双面）
1	HRB235	≥10d	≥5d
2	HRB335	≥10d	≥5d

3）注意事项

① 根据钢筋级别、直径和焊接位置，选择适宜的焊条直径和焊接电流，保证焊缝与钢筋熔合良好。

② 焊接过程中若发现接头有弧坑、未填满、气孔及咬边、焊瘤等质量缺陷时，立即修整补焊。

③ 焊工必须持证上岗。

④ 作业场地要有安全防护设施、防火和必要的通风措施，防止发生烧伤、触电、中毒及火灾等事故。

⑤ 焊接地线必须与钢筋接触良好，防止因起弧而烧伤钢筋。

⑥ 每批钢筋正式焊接前，焊接 3 个模拟试件做拉力试验，经试验合格后方可按确定

的焊接参数成批生产。

4. 钢筋安装

(1) 钢筋的下料绑扎

认真熟悉图纸，准确放样并填写料单，应按设计要求考虑构件尺寸搭接焊接位置，并与材料供应部联系，在符合设计及规范要求的前提下，尽量减少接头数量，长短搭配，避免浪费。

下料单由专职放样人员填写，并经施工员核对无误后方可下料加工。

核对成品钢筋的牌号、直径、尺寸和数量等是否与下料单相符，成品钢筋应堆放整齐，标明品名位置，以防就位混乱。

底板钢筋绑扎应按先电梯、集水坑，再底层钢筋，然后焊钢筋支架，再绑扎上层钢筋，最后绑扎墙柱插筋。

绑扎顺序应先绑扎主要钢筋，然后绑扎次要钢筋及构造筋。

绑扎前在模板或垫层上标出钢筋位置，在底板、梁及墙筋上画出箍筋、分布筋、构造筋、拉筋位置线，以保证钢筋位置正确。

在混凝土浇筑前，将暗柱、墙主筋在板面处与箍筋及水平筋用电焊点牢，以防柱、墙筋移位。

纵横梁相交时，次梁钢筋放于主梁上，下料时注意主次梁骨架高度。板底层钢筋网短方向放于下层，长方向放于上层。

板和墙的钢筋网，除靠近外围两行钢筋的相交处全部扎牢外，中间部分交叉点可间隔交错扎牢，但必须保证受力钢筋不产生位置偏移，双向受力钢筋，必须全部扎牢。

梁和墙的箍筋，应与受力钢筋垂直设置，箍筋弯钩叠合处，应沿受力钢筋方向错开放置并位于梁上部，弯钩平直段长度 $\geq 10d$，弯钩 $\geq 135°$。悬臂梁箍筋弯钩叠合处应在梁的底部错开设置。

主要受力钢筋保护层厚度：底板钢筋主筋保护层厚度为 50mm，桩承台为 100mm，墙、板、柱为 25mm，顶板为 15mm。100mm 垫块采用混凝土浇筑，其余垫块采用厚度一致的塑料垫块，间距合理，以保证骨架网处于同一平立面。

(2) 钢筋工程施工顺序

墙筋均应在施工层的上一层按要求留置不小于规定的接头长度，并应在两个水平面上接头。柱筋焊接时设专人负责，由专业操作人员持上岗证挂牌焊接，焊接前不同规格钢筋分别取样试验，合格后方能进行正式操作。在进入上一层施工时做好柱根的清理后，先套入箍筋，纵向筋连接好后，立即将箍筋上移就位，并按设计要求绑好箍筋，以防纵筋移位，柱筋应设临时固定，以防扭曲倾斜。

在完成柱筋绑扎及梁底模及 1/2 侧模验收后，便可施工梁钢筋，按图纸要求先放置纵筋、箍筋，严禁斜扎梁箍筋，保证其相互间距。梁筋绑扎同时，木工可跟进封梁侧模，梁筋绑扎完成经检查合格后方可全面封板底模。在板上预留洞留好后，开始绑扎板下排钢筋，绑扎时先在平台底板上用墨线弹出控制线，后用粉笔（或石笔、墨线等）在模板上标出每根钢筋的位置，待底排钢筋、预埋管线及预埋件就位并验收合格后，方可绑扎上排钢筋。板按设计保护层厚度制作对应混凝土垫块，板按 1m 的间距，梁底及两侧每 1m 均在各面垫上两块垫块。

1）筏板钢筋

工艺流程：清理垫层→弹钢筋位置线→绑扎基础地梁钢筋→绑扎底板下层筋→放置钢筋支架→绑扎上层横向筋→绑扎上层纵向筋→焊接支撑筋。

① 绑扎钢筋前应先把垫层清理干净，不得有杂物，然后弹好底板钢筋的分档标点线和钢筋位置线，同时弹好柱墙位置线，并摆放下层钢筋。

② 钢筋分段连接，分段绑扎，绑扎钢筋时，纵横两个方向所有相交点必须全部绑扎，不得跳扣绑扎。

③ 绑好底层钢筋后，放置底板钢筋支架，钢筋支架用25号钢筋加工制作，钢筋支架高度＝底板厚－80mm－2倍钢筋直径，马凳筋间距双向为1.7m×1.7m。

④ 钢筋支架摆放固定好后，在钢筋支架上用粉笔划出上层横向钢筋位置线并绑扎好，然后开始绑扎上层纵向筋和横向筋，与下层钢筋相同，上层钢筋不得跳扣，分段连接，分段绑扎。为防止钢筋支架翻倒，可采用点焊与底板钢筋连接固定。

⑤ 底板钢筋上、下层直螺纹接头应符合规范和设计要求错开。

⑥ 根据划好的墙柱位置，将墙、柱主筋插筋绑扎牢固，以确保受力钢筋位置准确。

⑦ 钢筋绑扎后应随即垫好垫块，在浇筑混凝土时，由专人看管钢筋并负责调整。

2）墙筋

工艺流程：清理墙根松动混凝土石子、浮浆及杂物→立竖筋→绑扎横竖筋。

墙柱的插筋：在安装墙柱的插筋时，先根据垫层上的控制轴线和墙柱的边框线安放钢筋，然后在底板的上层钢筋面设一个箍筋或水平钢筋，对竖向钢筋逐根点焊固定，确保在浇筑混凝土过程中不发生位移、钢筋间距正确。对于高度超过3m的墙柱钢筋，必须采用钢管架固定，确保墙柱钢筋不偏移。

墙板的钢筋绑扎应保证竖向钢筋的垂直，钢筋的搭接接头以50％错开，顶部钢筋弯入顶板内的长度应符合设计要求。内外钢筋设"S"筋拉结。水平钢筋的搭接位置应在跨中的三分之一范围内，数量不大于50％，保证每个接点绑扎牢固。

① 如图4.5.5所示，为保证墙截面尺寸、竖向钢筋间距及保护层厚度准确，在每一层楼板结构标高以上50mm设置定位钢筋，定位钢筋架严格按照墙截面尺寸及钢筋设计要求自制专用，图中b为竖向筋间距。定位钢筋与墙钢筋点焊固定，其竖向间距按1200mm确定。

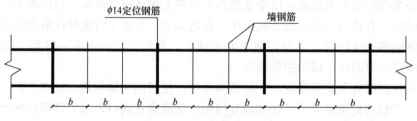

图4.5.5 墙板钢筋绑扎

② 立竖向钢筋及定位钢筋：先在墙根处两侧墙钢筋与板钢筋相交部位通长绑扎 φ16 钢筋用以固定竖向钢筋的间距，然后再用通长钢筋将墙钢筋顶部按其间距固定，最后点焊。

③ 墙筋应逐点绑扎，于四面对称进行，避免墙钢筋向一个方向歪斜，水平筋接头应错开。一般先立几根竖向定位筋，与下层伸入的钢筋连接，然后绑扎上部定位横筋，接着绑扎其余竖筋，最后绑扎其余横筋。定位筋应在加工场地派专人负责加工，严格控制尺寸，尽量利用边角料加工，定位筋是固定纵、横墙筋位置并保证钢筋保护层厚度的有效工具（图 4.5.6）。

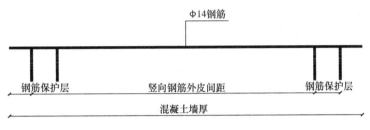

图 4.5.6　钢筋保护层设置

④ 钢筋有 180° 弯钩时，弯钩应朝向混凝土内，绑扎丝头朝向混凝土内。

⑤ 墙内的水电线盒必须固定牢靠，采用增加定位措施筋的方法将水电线盒焊接定位。

⑥ 钢筋保护层垫块制作应严格规范，以保证尺寸完全统一且控制在保护层允许的偏差范围之内，间距为 1000mm×1000mm。

3）梁筋

工艺流程：支梁底模及侧模→在底模划箍筋间距线→主筋穿好箍筋，按已划好的间距逐个分开→固定弯起筋及主筋→穿次梁弯起筋及主筋并绑好箍筋→放主筋竖立筋、次梁架立筋→隔一定间距将梁底主筋与箍筋绑住→绑架立筋→再绑主筋→放置保护层垫块，主次梁同时配合进行。

① 梁的纵向主筋≥Φ18，根据现场实际情况采用直螺纹连接，其余采用绑扎接头，梁的受拉钢筋接头位置应在支座处，受压钢筋接头应在跨中处，接头位置应相互错开，在受力钢筋 35d 区段内（且不小于 500mm），有绑扎接头的受力钢筋截面面积占受力钢筋总截面面积百分率为：在受拉区不得超过 25%，受压区不得超过 50%。

② 在梁底模板及侧模通过质检员验收后，即施工梁钢筋，按图纸要求先放置纵筋再套外箍，梁中箍筋应与主筋垂直，箍筋的接头应交错布置，箍筋转角与纵向钢筋的交叉点均应扎牢。箍筋弯钩的叠合处，在梁中应交错绑扎。

③ 纵向受力钢筋出现双层或多层排列时，两排钢筋之间应垫以Φ25 长度同梁宽的钢筋（端头应做防锈处理）。如纵向钢筋直径大于等于 25mm 时，短钢筋直径规格宜与纵向钢筋规格相同，以保证设计要求。

④ 主梁的纵向受力钢筋在同一高度遇有梁垫、边梁（圈梁）时，必须支撑在梁垫或边梁受力钢筋之上，主筋两端的搁置长度应保持均匀一致；主梁与次梁的上部纵向钢筋相遇处，次梁的纵向受力钢筋应支承在主梁的纵向受力钢筋上。

⑤ 框架梁节点处钢筋穿插十分稠密时，梁顶面主筋的净间距要留有 30mm，以利于灌筑混凝土之用。

⑥ 采用专用塑料钢筋保护层定位件，当梁钢筋绑好后，立即将专用塑料钢筋保护层定位件固定在受力筋下，间距为 1000mm。

4）板筋

工艺流程：清理模板杂物→在模板上划主筋、分布筋间距线→先放主筋后放分布筋→下层筋绑扎→上层筋绑扎→放置马凳筋及垫块。

① 绑扎钢筋前应修整模板，将模板上垃圾、杂物清扫干净，在平台底板上用墨线弹出控制线，并用红油漆或粉笔在模板上标出每根钢筋的位置。

② 按划好的钢筋间距，先排放受力主筋，后放分布筋，预埋件、电线管、预留孔等同时配合安装并固定。待底排钢筋、预埋管件及预埋件就位后交质检员复查，在清理干净后，方可绑扎上排钢筋。

③ 钢筋采用绑扎搭接，下层筋不得在跨中搭接，上层筋不得在支座处搭接，搭接处应在中心和两端绑牢，Ⅰ级钢筋绑扎接头的末端应做180°弯钩。

④ 板钢筋网的绑扎施工时，四周两行交叉点应每点扎牢，中间部分每隔一根相互成梅花式扎牢，双向主筋的钢筋必须将全部钢筋在相互交叉处扎牢，绑扎点的钢丝扣要成八字形绑扎（左右扣绑扎）。下层180°弯钩的钢筋弯钩向上；上层钢筋90°弯钩朝下布置。为保证上下层钢筋位置的正确和两层间距离，上下层钢筋之间用马凳筋架立，马凳筋为Φ12@1000×1000。马凳筋高度＝板厚－2倍钢筋保护层－2倍钢筋直径。

⑤ 板、次梁与主梁交叉处，板的钢筋在上，次梁的钢筋在中层，主梁的钢筋在下，当有圈梁或梁垫时，主梁钢筋在上。

⑥ 板按1m的间距放置专用塑料钢筋保护层定位件。

注意事项：

板筋绑好后，应禁止在钢筋上行走或在负弯矩钢筋上铺跳板作运输马道；在混凝土浇筑前应整修，合格后再浇筑混凝土，以免将板的负筋踩（压）到下面，而影响板的承载力。

塑料垫块的尺寸、厚度要准确。

由于卫生间室内楼板结构标高比四周楼板标高较低，因此，卫生间部位的上层板筋在标高变化处应截断，截断后的卫生间上层板筋与其四周相邻部位钢筋按图集搭接。

由于地下室底板以上300mm范围内的剪力墙混凝土与地下室底板同时浇筑，在支设墙体模板时其支撑系统若采用木枋和钢管则无从生根。因此，确保所用支架伸入底板内100mm并与底板上部钢筋焊接牢固。

另外，为了在支设模板时防止模板根部移位和胀模，采用预埋件为模板提供支撑。其中的预埋件与混凝土结构钢筋焊接牢固。

为保证地下室人防门门扇顺利进行吊装，须在门洞口正上方距离剪力墙150～200mm位置顶板上（－0.900m）埋设吊环，吊环采用Φ20钢筋加工。吊环按图4.5.7所示施工。

（3）钢筋的验收

钢筋经自检、互检、专业检后及时填写隐蔽记录及质量评定，及时邀请建设（监理）单位最后验收，合格后方可转入下道工序；墙、板、柱先做好样板，经有关方面认可后方可大面积施工。

（4）施工注意事项

1）在每批每个规格钢筋加工后，立即在钢筋上缠上标牌，标牌上标明钢筋使用部位、数量、规格及责任人等。钢筋绑扎前应先熟悉施工图纸，核对钢筋配料单和钢筋上的标

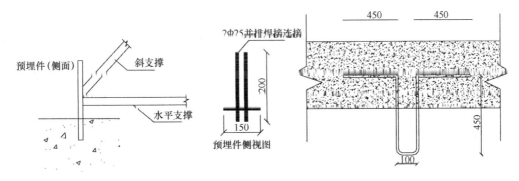

图 4.5.7　吊环构造及吊环施工

牌，核实无误后方可绑扎。如发生错漏及时增补。

2）本工程结构节点复杂，钢筋规格数量较多，施工人员应先研究逐根钢筋穿插就位的顺序，并与有关工种研究支模、管线和绑扎钢筋等的配合次序和施工方法，明确施工进度要求，以减少绑扎困难，避免返工和影响进度。

3）在实际施工中，由于箍筋绑扎不牢；柱筋与模板间固定措施不力；或由于振捣棒的振捣，使混凝土中的骨料挤压柱筋；或振捣棒振动柱钢筋，使柱主筋移位而改变了主筋的受力状态，给工程带来隐患。施工中要针对以上原因采取预防措施，一旦发生错位应进行处理，才能进行上层柱钢筋绑扎。一般处理方法是移位小于或等于 40mm 时，可采取按 1：6 的比例弯折进行搭接，错位大于 40mm 时，应加垫筋或垫板焊接或凿去下部部分混凝土进行加筋焊接处理，或钻孔浆锚主筋，焊缝及锚固长度符合规范的规定。

4）钢筋绑扎应注意保持钢筋骨架尺寸外形正确，绑扎时宜将多根钢筋端部对齐，防止绑扎时钢筋偏离规定位置及骨架扭曲变形的现象。

5）保护层采用专用塑料钢筋保护层定位件。

6）钢筋骨架吊装入模时，要力求平稳，钢筋骨架用"扁担"起吊，吊点应根据骨架外形预先确定，骨架各钢筋交点绑扎牢固，必要时焊接牢固。

7）柱、墙钢筋绑扎应控制好钢筋的垂直度，绑扎竖向受力筋时要吊正后再绑扣，凡是搭接部位要绑 3 个扣，使其牢固不发生变形再绑扣，避免绑成同一方向的顺扣。层高超过 4m 的柱墙，要塔设脚手架进行绑扎，并应采取一定的钢筋固定措施。

8）梁钢筋绑扎要保持伸入支座必需的锚固长度，绑扎时要注意保证弯起钢筋位置正确；在绑扣前，应先按图纸检查对照已摆好的钢筋尺寸，位置正确无误，然后再进行绑扎。

9）板筋绑好后，应禁止人在钢筋上行走或在负弯矩钢筋上铺跳板作运输马道；在混凝土浇筑前应整修合格后再浇筑混凝土，以免将板的负筋踩（压）到下面，而影响板的承载力。

（5）安全措施

1）钢筋机械加工的操作人员，应经过一定的机械操作技术培训，掌握机械性能和操作规程后，才能上岗。

2）钢筋机械加工的电气设备，应有良好的绝缘性能并接地，每台机械必须一机一闸，并设漏电保护开关。机械转动的外露部分必须设有安全防护罩，在停止工作时应断开电源。

3）使用钢筋弯曲机时，操作人员应站在钢筋活动端的反方向，弯曲 400mm 短钢筋时，应有防止钢筋弹出的措施。

4）粗钢筋切断时，冲切力大，应在切断机口两侧机座上安装两个角钢挡杆，防止钢筋摆动。

5）在焊机操作棚周围，不得放易燃物品，在室内进行焊接时，应保持良好环境。

6）搬运钢筋时，要注意前后方向有无碰撞危险或被钩挂料物，特别是避免碰挂周围和上下方向的电线。人工抬运钢筋，上肩卸料要注意安全。

7）起吊或安装钢筋时，要和附近高压线路或电源保持一定距离，在钢筋林立的场所，雷雨天不准操作和站人。

8）安装悬空结构钢筋时，必须站在脚手架上操作，不得站在模板上或支撑上安装，并系好安全带。

9）现场施工的照明电线及混凝土振捣器线路不准直接挂在钢筋上，如确实需要，应在钢筋上架设横担木，把电线挂在横担木上，如采用行灯时，电压不得超过 36V。

10）在高空安装钢筋必须扳弯粗钢筋时，应选好位置站稳，系好安全带，防止摔下，现场操作人员均应佩戴安全帽。

（6）成品保护

1）加工成型的钢筋或骨架运至现场后，应分别按工号、结构部位、钢筋编号和规格等整齐堆放，保持钢筋表面清洁，防止被油渍、泥土污染或压弯变形。

2）钢筋在运输和安装过程中，应轻装轻卸，不得随意抛掷和碰撞，防止钢筋变形。

3）在板筋绑扎过程中和钢筋绑好后，不得在已绑好的钢筋上行人、堆物，特别是防止踩踏压塌雨篷、挑檐、阳台等悬挑结构的钢筋，以免影响结构强度和使用安全。

4）楼板的负筋绑好后，在浇筑混凝土前进行检查、整修，保持不变形，在浇筑混凝土时设专人负责整修。

5）绑扎钢筋时，防止碰动预埋铁件及洞口模板。

6）模板内表面涂刷隔离剂时，应避免污染钢筋，每次浇筑混凝土时，必须设专人用湿布对墙、柱筋进行及时清理。

7）安装电线管、暖卫管线或其他管线埋设物时，应避免任意切断和碰动钢筋。

三、模板工程

1. 模板工程概况

根据结构的设计形式，本工程主体主要结构形式为框架和框架-剪力墙结构。基础的结构形式主要为筏板、桩承台的形式，对于筏板与承台之间的高低差部位，采用木模无法拆出，对这些部位采用砖胎模。

本工程为框架-剪力墙结构，墙、柱、梁、板结构均比较规整，因此本工程的模板均采用 1.8cm 厚的胶合板作模板，50mm×100mm 方木作楞，支撑体系采用扣件式排架体系，剪力墙、柱、大高度的梁等构件的紧固均采用对拉螺杆。

本工程筏板基础板厚为 600mm，局部筏板厚 2000mm、2300mm；地下室剪力墙厚为 500mm、500mm、400mm、300mm 等，地下室结构板厚为 180mm、250mm、300mm 等，梁截面尺寸有 600mm×1200mm、800mm×1200mm、700mm×1200mm、400mm×

800mm、400mm×900mm、300mm×800mm、300mm×1950mm、300mm×600mm、200mm×400mm、300mm×700mm、400mm×700mm、200mm×600mm、600mm×450mm、1000mm×1400mm、800mm×600mm、500mm×1000mm、500mm×900mm、600mm×1000mm、300mm×1800mm、600mm×1000mm、400mm×1000mm、200mm×500mm等。柱截面尺寸有1400mm×800mm、1200mm×800mm、1000mm×800mm、900mm×800mm、800mm×800mm、900mm×600mm、900mm×900mm、600mm×600mm等。

本工程地下室全部采用九夹板木模。墙、柱模板采用2套，梁底模板和楼板模板采用2套，排架采用2套。

2. 模板安装

（1）筏板模板

筏板四周的模板采用九层胶合板，竖向用50mm×90mm木枋作背枋，间距为350mm，水平围檩用2φ48×3.0钢管，间距为500mm，上下各一道。墙与底板的施工缝设置在底板以上500mm处，采用4mm厚钢板止水带。

后浇带支模时用钢筋骨架，内衬两层铁丝网作为模板，因此铁丝网一层稍粗，用于抵抗混凝土侧压力，一层用密目网，主要阻挡混凝土，以免混凝土浆流失太多而造成麻面和空洞。要保护好后浇带的钢筋、模板的位置正确，不得踩踏钢筋和改动模板。在拆模或吊运其他物件时，不得碰坏施工缝企口。

（2）墙、柱模板

按放线位置进行模板的拼装，边安装边插入穿墙螺杆，地下室外墙和人防部位剪力墙应采用止水螺杆。外墙外侧模板下口应比下层楼层标高低175mm，用穿墙螺栓紧固。

模板拼装时要加3mm厚的海绵条拼缝，由于是水平施工，位置多处于楼面位置，安装时要在楼面与模板的接槎处垫3mm厚海绵条，防止漏浆。

墙柱模板采用九层胶合板，竖向用50mm×90mm木枋作背枋，间距为300mm，墙体采用φ14拉杆螺栓和双向@500mm穿墙螺杆控制厚度，地下室外墙使用的穿墙螺杆必须加焊三道止水片，中间一道尺寸为4mm×80mm×80mm，其余两道尺寸为4mm×40mm×40mm，模板整体刚度的加强由纵横背杠承担。墙体的整体稳固和垂直度控制采用钢管撑架与花篮螺栓调整紧固，具体如图4.5.8所示。

模板安装完毕应检查一遍扣件、螺栓、顶撑是否牢固，模板拼缝以及底边是否严密，特别是门窗洞边的模板支撑是否牢固。

（3）梁、顶板模板

梁模板安装前，先要弹出轴线、梁位置线和水平线，然后按设计标高调整梁标高，最后铺上梁底板，并根据标高拉线测平。

梁、顶板模板也用九层胶合板，楼板九夹板模板通过50mm×100mm搁栅搁置在排架撑上，搁栅必须两侧平面刨光轧平，使其断面一致，确保平台平整度，并适当加设水平拉杆与剪刀撑。平台模板铺设时，不到模板模数时，采用木模镶嵌严密，防止漏浆。平台模板底模搁栅设置时，应相互错开接头，保证平台排架有足够的强度、刚度及稳定性。

现浇钢筋混凝土梁、板当跨度等于或大于4m时，模板应起拱，起拱高度为全跨长度的3/1000。

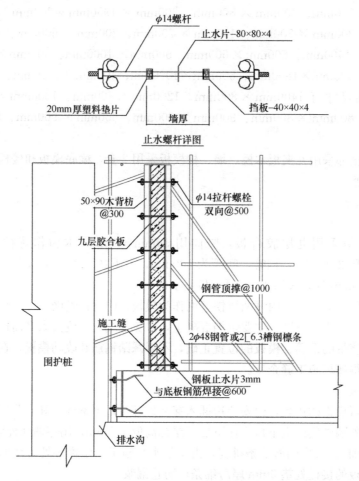

图 4.5.8　地下室底板及墙体支模图

梁、顶板采用满堂脚手架作支承系统，钢管立柱间距一般≤1.0m，由于地下室顶板为250mm、300mm 厚，因此，对地下室顶板支承架采用扣件式钢管架，间距应控制在0.8m，并双向设剪刀撑。由于地下室层高为 5.2m、7.1m，高支撑模板专项方案另行编制。

大梁侧模紧固做法，如图 4.5.9 所示。

（4）底板内集水井、电梯基坑模板

底板内集水井侧模和坑底模板拟采用九层胶合板，50mm×90mm 木枋作背枋，九层胶合板的坑中心，预先留 500mm×500mm 方洞，作为混凝土浇捣时的排气孔及观察混凝土的密实度，亦可利用该洞对坑底混凝土进行振动。同时必须用Φ14钢筋与底板钢筋焊接牢固，模板上部用重物压住，做好抗浮措施，防止底模上浮，减小尺寸。

（5）楼梯模板

本工程楼梯模板采用木模梯段模板，由底模、格栅、牵杠、单杠撑、外帮板、踏步侧板、反三角板等组成。

梯段侧板的宽度至少要等于梯段板厚度及踏步高，板的厚度为 30mm，长度按梯段长度确定。反三角木是由若干三角木块钉在方木上，三角木块两直角边长分别等于踏步的高

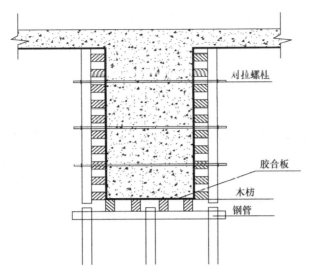

图 4.5.9　大梁侧模紧固做法

和宽，板的厚度为 50mm，方木断面为 50mm×100mm，每一梯段反三角木至少要配一块，反三角木用横楞及立木支吊楼梯梯段板，底板模板采用九夹板，搁栅采用 50mm×100mm 木方，扶梯踏步板采用 50mm 厚光面木板，用两根 50mm×100mm 木料作连接支撑，但支撑下端必须有硬支撑点，以防踏步板下滑。

楼梯模板在配制时必须放出大样，以便量出模板的准确尺寸，要注意梯步高度均匀一致，最后一步及最上一步的高度必须考虑到梯地面最后的装饰厚度，防止由于装饰厚度不同而造成梯步高度不协调。

楼梯模板体系示意如图 4.5.10 所示。

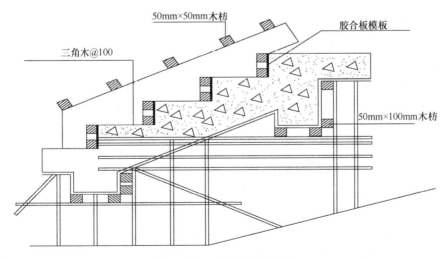

图 4.5.10　楼梯模板示意图

3. 模板拆除

拆模板要有拆模令。

混凝土浇捣结束后 1～2d 可拆除墙（柱）侧模板。墙（柱）模板拆除时先拆除斜拉杆或斜支撑，再拆除穿墙螺栓及纵横搁栅或钢管卡，然后用撬棍轻轻撬动模板，使模板离开墙体，将模板逐块拆下堆放。

在混凝土强度能保证表面及棱角不因拆除模板而受损坏后，可拆除梁侧模；对于梁、板底模的拆除，混凝土要符合表 4.5.3 的规定后方可拆除。

混凝土拆模标准及要求 表 4.5.3

结构类型	结构跨度（m）	按设计的混凝土强度标准值的百分率计（%）
板	≤2	50
	>2，≤8	75
	>8	100
梁	≤8	75
	>8	100
悬臂构件	≤2	75
	>2	100

拆除跨度较大的梁下支撑时，应先从跨中开始，分别向两端拆除。拆除梁、板模板时，操作人员应站在安全的地方。

预留洞的内模拆除，必须等混凝土强度保证构件及孔洞表面不发生坍陷及裂缝后，方可拆除。楼梯段底模拆除前应在下梯段踏步上放置 50mm×100mm 两块木料垫护，保证平台模拆除下坠时不碰坏踏步棱角。

拆下的模板要及时清理粘结物，涂刷脱模剂，并分类堆放整齐，拆下的扣件要及时集中统一管理。

模板在拆除时应有专人进行监护，注意拆除时的安全。

四、混凝土工程

1. 工程概况

本工程为钢筋混凝土框架和框架-剪力墙结构，其中地下室筏板厚度为 600mm，为了确保混凝土质量，基础筏板混凝土按大体积混凝土考虑施工。

地下室结构混凝土设计强度等级为 C30、C35、C40、C45、C55、C60，地下室部位的混凝土有 0.8MPa 抗渗要求，并掺加聚丙烯合成纤维和 HEA 低碱型混凝土膨胀剂，以减少混凝土收缩裂缝。

2. 原材料

原材料的使用按"物资控制程序"执行。本工程采用商品混凝土，混凝土坍落度设计值为 160～180mm，混凝土坍落度的允许偏差值要控制在 ±20mm 范围之内。

（1）水泥

用中低热的水泥品种。低热的水泥品种，可减少水化热，使混凝土减少温升。为此，底板施工可选用 P.S 42.5 级矿渣硅酸盐水泥。水泥进场必须有出厂合格证和进场试验报告，水泥的技术性能指标必须符合国家现行相应材质标准的规定。进场时还应对其品种、强度等级、包装或散装仓号、出厂日期等检查验收，合格后方可用于工程。

掺加粉煤灰外掺料。试验资料表明，在混凝土内掺入一定数量的粉煤灰，15%左右，不但可代替部分水泥，而且能改善混凝土的粘结性，增加混凝土可塑性，亦可降低混凝土的水化热。

（2）粗、细骨料

本工程混凝土粗骨料采用碎石，粒径为 5~31.5mm；细骨料采用中砂（河砂）。

防水混凝土用砂的含泥量应小于 3.0%，泥块含量小于 1.0%。

（3）外加剂

1）为满足本工程地下部分混凝土防水要求，基础底板、外墙、消防水池四周墙体防水掺适当防水外加剂。

2）为防止大体积混凝土产生收缩裂缝，地下室部分的混凝土掺适当 HEA 膨胀抗裂剂。

3）检查内容：外加剂的品种、生产日期、有效日期、存放情况，出厂合格证、检测报告、计量等。

3. 施工管理

（1）混凝土配合比的设计及审核

本工程所用混凝土施工配合比由商品混凝土公司有资质试验室预配后提供，试配结果报送建设单位和监理；混凝土使用的外加剂为建筑主管部门认证产品，外加剂的种类及性能报监理认可。

（2）混凝土的拌制、运输

1）混凝土由专业混凝土公司拌制、运输到施工现场。浇筑混凝土时项目经理部定期派专人去混凝土生产厂家监督混凝土的拌制。混凝土在原材料的计量、搅拌时间上严格按规范标准进行控制（表 4.5.4）。

2）每次浇筑混凝土时，由专人做好混凝土运输车辆的疏导指挥工作，确保混凝土能够及时连续的供应，连续浇筑。

混凝土浇筑时间及温度要求　　　　　表 4.5.4

项目	混凝土强度等级	不高于 25℃	高于 25℃
混凝土从搅拌车卸出到浇筑完毕延续时间最大值（单位：min）	≤30	120	90
	>30	90	60
混凝土运输、浇筑和时间间隙的允许时间最大值（单位：min）	≤30	210	180
	>30	180	150

3）当相邻车次间隔时间超过正常间隔时间时，应取该罐车混凝土做坍落度实验。混凝土从罐车输出时，不得任意加水，施工人员应服从现场管理人员的指挥。

（3）混凝土浇筑值班制度

在每次浇筑混凝土前，由生产负责人安排好本次浇筑混凝土值班人员，做到岗位到位、责任到人。每次浇筑混凝土时，值班人员不少于两人，其中至少有一名为土建专业技术人员，有一人在现场值班，实行旁站式管理。混凝土浇筑时值班人员严格按施工方案、操作规程进行施工监督，做好值班人员记录。

（4）混凝土的检查制度

混凝土的检查在混凝土拆模后、上一施工段施工完毕后进行，此项工作由质安科组织施工员及模板、混凝土施工班组长参加，由质安科具体检查，检查结果应及时评定、及时以书面形式反馈给监理和各专业施工班组，督促、改进工作；检查结果在检查部位盖章显示（每一楼层每一施工段在同一部位盖章），印章为黑色（表4.5.5）。

混凝土检查制度及要求 表4.5.5

工种	施工班组长	验收人	质量标准
钢筋			
模板			
混凝土			垂直度： 平整度：
验收日期	年 月 日	代号	

4. 施工准备

(1) 指派专人提前一天收听天气预报，收听当天交通台的路况信息。

(2) 各种施工机具落实到位，对各种机具进行检查，避免施工中出现机器故障，造成不必要的停工。

(3) 提前一天向物资科提交书面商品混凝土需用计划，说明供应时间、数量（扣除钢筋体积）、强度等级、供应速度及其他技术措施。

(4) 搭好临时电源线路、安全防护措施、操作台等；浇筑混凝土时要铺好跳板，跳板支在预先制作好的钢筋支架上，不得直接铺放在钢筋网片上；跳板应具有一定的宽度，待混凝土浇到一定的位置，随浇随撤掉钢筋支架。

(5) 鉴于夏季雨水来得比较快、较难预测等特点，要备有足量的防雨布。

(6) 做好工人尤其是机器操作手的班前集中交底工作，使工人做到心中有数。岗位人员落实到位，责任到人。

(7) 会同质量检查员对该施工段钢筋工程、模板工程的施工质量进行验收，发现问题及时下发整改通知书给上道工序施工负责人。待整改后报监理工程师签字认可后再进行本道工序的施工。

(8) 确定混凝土供应商时要检查混凝土供应商的生产资质是否符合要求及各种计量器具是否均经计量部门鉴定（鉴定证书），现在是否在鉴定有效使用期内。经检查符合要求后方可使用。

(9) 确定此次浇筑混凝土的值班人员及具体分工。

(10) 对施工现场配备的对讲机进行检查，确保对讲机在混凝土浇筑时能够正常使用。

5. 施工技术措施

(1) 混凝土供应

本工程混凝土采用商品混凝土，浇筑混凝土的前一天填好混凝土委托单并书面通知（或传真）混凝土厂家，供应混凝土的时间、数量、强度等级、抗渗等级、掺加的外加剂、是否泵送、频率等要求要在委托单上注明，混凝土供应商应保证混凝土的及时供应。每次浇筑混凝土时随机抽查混凝土车方量，物资科安排专人与混凝土供应商联系，保证混凝土的连续浇筑。

(2) 后浇带、施工缝

1）施工缝的留置和模板支设方式

① 后浇带的构造做法详见结构施工总说明的节点构造图。

筏板后浇带的加强部分必须在筏板钢筋绑扎之前浇筑。

后浇带混凝土浇筑前，原混凝土表面必须全部凿毛，露出石子，便于与新混凝土结合密实。后浇带混凝土浇筑时，每一层高段一次浇筑完成，在底板、楼板位置形成的小平施工缝与所在部位外墙的水平施工缝相同。

② 梁的竖直施工缝

由于本工程设置后浇带，施工中后浇带处的梁的施工缝，可采用 800 目的钢丝网片叠合二层，用细钢丝绑扎牢固，紧贴钢丝网的外侧用水平短钢筋绑扎在梁的钢筋上，作为背楞。在浇筑梁混凝土时把制作隐含施工缝的钢丝网片、短钢筋等材料不再拆除取出。

③ 柱、墙水平施工缝

柱的水平施工缝留置在梁底标高以下 15～20mm 处，施工中严格控制浇筑标高，过低则不利于支梁底模，过高应在柱拆模后凿除多余的混凝土，浪费人工；地下室外墙的水平施工缝留置在板底标高以上 30mm 处。

2）后浇带施工缝的施工处理与保护

① 对于地下室底板的后浇带，在混凝土浇筑后，将后浇带内的模板、支撑物等其他东西拆除清理干净，然后盖上 3mm 厚的钢板，再用砖沿钢板的两边砌筑 150mm 高，压住钢板的边，这样可以防止上部结构施工时有杂物掉入后浇带中。

② 在地下室底板后浇带的顶端，设置集水井，并用 ϕ200 钢管接通至后浇带，及时排除后浇带内的积水，避免锈蚀后浇带的预留钢筋。

③ 对于地下室外墙的后浇带，为确保在地下室结构施工完毕后能及时进行外围的回填土施工，所有后浇带部位做好保护措施。

（3）混凝土的泵送施工方法

1）混凝土的浇筑方向

墙混凝土的浇筑方向在墙内无预留洞时，从两端均可浇筑；当墙上有预留洞时从预留洞两侧分层连续浇筑，以防止预留洞模板两侧受力不均出现偏移。梁板混凝土的浇筑，先浇筑柱头混凝土，然后在柱混凝土初凝前浇筑完梁、板混凝土。

2）混凝土的泵送

① 泵管的铺设

泵机出口的水平管用钢管搭设支架支撑，运输到浇筑层的立管亦采用钢管搭设支架支撑。转向 90°弯头曲率半径要大于 1m，并在弯头处将泵管固定牢固。浇筑层的水平管采用铁马凳作水平支撑，每节泵管采用两个铁马凳支撑，支撑点设在泵管接头处的两侧，距离接头不大于 500mm。

② 混凝土泵送时要有足够的看输送管人员，混凝土泵操作手必须坚守岗位，不得擅自离岗。混凝土每次施工时采用 1m³ 与混凝土成分相同的砂浆润管，泵出后用铁桶吊下，倒入建筑垃圾中，再进行处理。

③ 混凝土的分层

本工程所用混凝土采用混凝土泵直接输送到浇捣部位。

墙的混凝土采用分层斜坡浇筑，首层厚度为 400mm，以上每层浇筑高度为 900mm，浇筑层高偏差应控制在±100mm 之内。每层振捣密实后再覆盖新一层混凝土，上下层浇筑间隔时间不得超过 1.5h，但上层混凝土应在下层混凝土初凝前进行浇筑。混凝土布料机臂端混凝土出口处采用软管配合下料，以控制混凝土自由下落高度防止混凝土出现离析。

柱混凝土浇筑在梁、板模板安装前进行，做好必要的操作平台等安全防护措施。在布料机的同一落点范围内，浇筑柱子无先后顺序，但应尽可能地减少布料机的旋转距离，施工中可灵活掌握。混凝土浇筑过程中振捣手分两班同时作业，每班两个振捣棒，两班浇筑的柱子应相邻，以减少布料机的旋转距离。

柱沿高度分层浇筑，每 300～500mm 为一浇筑层，上层混凝土的浇筑应在下层混凝土初凝前完成。本工程柱子的高度均超过 3m，在浇筑柱子下部混凝土时配以串筒进行浇筑，以防止混凝土出现离析。

梁、板混凝土同时浇筑，采用随浇随振捣，随刮随抹平。用插入式振捣器振捣密实，刮杆刮平，在混凝土初凝前用木抹子抹平，在终凝前再进行二次抹压，保证混凝土表面平整并防止在混凝土表面出现水泥膜和裂缝。

④ 混凝土的振捣

本工程要达到清水混凝土效果，对振捣要求较高，既不能漏振，也不能过振。混凝土浇筑过程中振捣各个施工部位时责任到人，细化具体部位，做好各个部位的振捣记录。拆模后各个部位的振捣质量反馈给各个振捣手，促使其改进工作，达到提高混凝土振捣质量的目的。一台布料机在一定范围内分层来回浇筑，安排 4 名振捣手，在相对固定位置振捣，尽可能地减少移动。

柱、墙、梁混凝土均采用插入式振捣器振捣，振捣厚度不得大于振捣棒的长度。混凝土的振捣采用随浇随振捣，振捣棒垂直插入混凝土，插入到下层尚未初凝的混凝土中约50～100mm，以使上下层互相结合；操作时要做到快插慢拔，如插入速度慢会先将表面混凝土振捣密实，导致与下部混凝土发生分层离析现象；如拔出速度过快，混凝土来不及填补而在振捣器抽出的位置形成空洞。振捣器的插点要均匀排列，排列方式采用行列式和交错式两种，由振捣手灵活掌握。插点间距不超过 40cm，振捣器距模板应大于 20cm；用振捣器振捣时应避免碰振钢筋、模板、吊环及预埋件。在分层浇筑混凝土过程中，浇筑首层混凝土时注意不要将振捣器插到已经浇筑并初凝的混凝土上。

当浇筑过程中出现泌水现象时，如不严重，不应把水直接排走，以免带走水泥浆，可采用海绵吸水亦可进行二次振捣或二次抹光；如泌水现象严重时，应改变配合比或掺用减水剂；本次施工中采用改变减水剂的用量，下次施工时调整混凝土的配合比。混凝土现浇板浇筑时，边浇边用铁锹摊平、振捣，同时用 2m 长刮杆刮平。混凝土拆模时拆模强度不准以估算值为准，必须以混凝土同条件试块抗压强度报告为准，不同施工段、不同结构件的混凝土拆模强度报告要归档保存。柱拆模强度不得低于 1.5MPa，墙拆模强度不得低于 1.2MPa。

（4）墙、梁板混凝土施工

1）先浇墙混凝土，后浇梁板。

2）墙柱浇筑宜在梁板模安装完毕、梁板钢筋未绑扎前进行，以保证混凝土浇筑质量，便于上部操作，同时不至于破坏梁板钢筋。

3）墙的施工缝留置在底板以上 300mm 处及楼板底下 20～30mm 处；梁的施工缝留在跨度的中间 1/3 范围内。

4）梁、板应同时浇筑，先将梁的混凝土分层浇筑或阶梯形向前推进，当达到板底标高时，再与板的混凝土一起浇捣，随着阶梯不断延长，板的浇筑也不断前进，当梁高大于 1m 时，可先将梁单独浇筑至板底下 2～3cm 处留施工缝，然后再浇筑板。为防止出现裂缝，先用插入式振捣棒振捣，然后用平板振捣器振捣，直到表面泛浆为止，再用铁滚碾压，在初凝前，用木抹子搓一遍，最后在终凝前再用木抹子搓一遍。

5）在浇筑柱、梁与主次梁交接处，由于钢筋较密集，要加强振捣以保证密实，必要时该处可采用同强度等级细石混凝土浇筑，采用片式振捣棒振捣或辅以人工振捣。

6）墙混凝土浇筑为先外墙、后内墙，浇筑顺序同底板。浇筑时设两台固定泵，一前一后两次浇筑到顶，每次浇 2.5～3m，前后相隔 2～3h 左右浇筑，开始浇筑时应先浇 5cm 厚、与混凝土砂浆成分相同的水泥砂浆。每次布料厚度以 50cm 为宜，采用插入式振捣棒振捣，每个出料口设三台振捣棒，一台位于坡底，一台位于坡中，一台位于布料口，是梅花式振捣。保证不得漏振，久振且不得过振，不许振模板，不许振钢筋，严格按操作规程作业。

（5）后浇带的施工

板底部垂直后浇带钢筋先绑扎，平行后浇带钢筋后绑扎，以便清理底部垃圾；上部垂直后浇带钢筋每隔 5m 左右留一 600～700mm 见方的上入孔，两侧预留焊接钢筋长度，平行加强带钢筋后绑扎，以便安拆木枋（木板）、清理垃圾及进行两侧混凝土表面清理。墙外侧网片可先绑扎，内侧处理方法同板上部钢筋。

由于后浇带内的模板及支撑体系在两侧底板浇筑完毕后将承受很大的压力，且后浇带作业空间狭小，模板施工不易掌握控制。因此，地下室后浇带模板及支撑系统采用 φ20 钢筋焊接骨架及镀锌密目钢丝网解决。同时，在浇筑底板后浇带时焊接骨架不割除，以便加大配筋率，起到膨胀加强带作用；侧面采用密目镀锌钢丝网封堵。密目镀锌钢丝网应与支撑系统焊接骨架绑扎牢固，为保证钢丝网绑扎牢固，钢丝网宽度应比底板厚度每边放大 100mm；同时考虑到混凝土浇筑压力较大，应设置双层钢丝网。

后浇带混凝土强度等级应根据设计要求比底板混凝土提高一个强度等级，同时混凝土中应掺加微膨胀剂。

后浇带混凝土浇筑前，原混凝土表面必须全部凿毛，露出石子，便于与新混凝土结合密实。后浇带混凝土浇筑时，每一层段一次浇筑完成，在底板、楼板位置形成的水平施工缝与所在部位外墙的水平施工缝相同。

后浇带补偿收缩混凝土施工要点：

补偿收缩混凝土是在普通混凝土中掺加膨胀材料而成的适度膨胀的混凝土，要求经过 7～14d 的湿润养护后其膨胀率达到 0.05%～0.08%，获得 0.5～1.2N/mm^2 的自应力，使得混凝土处于受压状态，以达到补偿混凝土的全部或大部分收缩，从而达到防止开裂的目的。

1）必须认真做好后浇带两侧普通混凝土的表面清除、凿毛和湿润工作：将原混凝土表面普遍凿毛，要求凿到出现新槎、露出石子；凿毛验收合格后，清除表面混凝土渣及其他杂物，钢筋表面进行清除，除去铁锈；在补偿收缩混凝土浇筑前 24h，要对已经凿毛的混凝土表面进行预湿，要充分均匀地浇水，使得湿润深度大于 5mm。

2）对于支设的模板必须采取严密措施，防止两端漏浆。

3）严格掌握水泥称量，其误差不得超过 1%。选择骨料应使其不对膨胀率和干缩值带来不利影响。一般情况下骨料应采用间断级配。

4）补偿收缩混凝土最好采用强制式搅拌机搅拌，搅拌时间不得大于 2min。为减少混凝土坍落度损失，搅拌后应尽快运至浇筑地点进行浇筑。如运输和停放时间较长，坍落度损失，此时不允许再添加拌合水。

5）采用人工浇筑，现场坍落度为 7～8cm；采用泵送混凝土浇筑时，现场混凝土坍落度应为 12～14cm。浇筑间隙不得超过 2h，不允许留施工缝。

6）混凝土要求振捣密实，硬化前 1～2h 予以抹压，防止表面裂缝的产生；必须进行充分的湿润养护。这一工序是保证混凝土具有膨胀力和足够强度的关键，应予以高度重视。

7）混凝土浇筑后应立即覆盖两层充分湿润的麻袋进行潮湿养护，并指派专人随时浇水。对于地下室外墙后浇带等有模板保护的工程部位，要在浇筑后 48h 拆模，并指派专人浇水养护，并覆盖塑料薄膜。

8）地下室后浇带养护时间不得少于 7d；梁板后浇带不得少于 14d。

（6）防水混凝土的养护

墙体表面强度达到 1.2MPa 后可拆除外模，同时在墙两侧挂一层麻袋，由上挂下，中间部分用穿墙螺栓固定，以减少墙体受大气温度的影响，而产生温度应力，造成墙体开裂。养护期为 14d。

（7）试块留置、施工记录

用于检验结构构件混凝土质量的试件，应在混凝土的浇筑地点随机取样制作。

1）留置原则

每一施工层的每一施工段、不同施工台班、不同强度等级的混凝土每 100m³（包括不足 100m³）取样不得少于一组抗压试块，不得少于两组同条件试块（用于测定 5d 抗压强度，为拆摸提供依据）。

2）后期处理

制作的标准抗压试块拆模后于当日进行标准养护。混凝土标准试块上书写内容为：工程名称、混凝土强度等级、成型时间、使用部位；同条件试块上书写内容为：工程名称、施工部位、混凝土强度等级、成型时间。同条件试块拆模后在试块上进行编号，然后放到预先制作好的指定的铁笼内并上锁，置于同一部位。

3）抗渗试件组数留置规定

每 500m³ 留置两组，每增加 250～500m³ 留置两组。其中一组标养，另一组同条件下养护。每工作班不足 500m³ 也留置两组。

4）每次浇筑混凝土都必须填写混凝土施工记录。

（8）成品保护

本工程施工质量要求达到清水效果，混凝土成品保护要求较高，因而在混凝土结构件拆模后，采用在柱角、墙角、楼梯踏步、门窗洞口处钉木板条的方式防护。柱、墙防护高度为 1.5m，门窗洞口周边全部防护。具体做法如图 4.5.11～图 4.5.13 所示。

图 4.5.11　柱角防护示意图

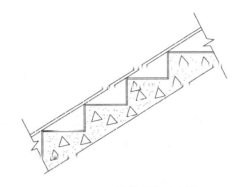

图 4.5.12　楼梯防护示意图

（9）雨期施工措施

混凝土浇筑时，要提前了解天气情况，尽量避免雨天施工，当不能避开时，新浇筑的混凝土应用塑料薄膜覆盖，梁板在雨天施工时，可以把施工缝设在跨中 1/3 处中断混凝土浇筑。如有部分混凝土因下雨未来得及覆盖，表面水泥浆被冲刷掉，可在雨停后，撒素水泥重新用木抹子抹压平整。

水泥砂浆抹面完成后，在强度未达到要求之前，在雨天也应用塑料薄膜覆盖，以防止表层水泥浆被冲刷。

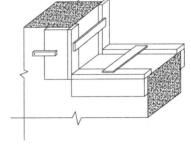

图 4.5.13　门窗及洞口边角保护
措施示意图

1）施工现场应按地势情况和排水流向要求进行有组织排水，雨水排泄应畅通无阻，不得有积水现象。

2）砂、石料场，不得混入泥浆，绑好的钢筋已受泥水污染的要予以冲洗。

3）机电设备必须搭设防雨棚，水泥库等材料库在雨期前要进行检查以防雨水渗入。

4）脚手架要加强检查，发现问题及时采取措施，消除隐患，雨后应检测砂、石含水率，及时调整配合比。

6. 大体积混凝土施工

本工程地下室采用筏板基础，按照大体积混凝土施工浇筑，并作为一个施工重点认真对待。大体积混凝土施工重点主要是将温度应力产生的不利影响减少到最小，防止和降低裂缝的产生和发展。因此考虑采取如下施工措施：

（1）混凝土配合比

考虑到水泥水化热引起的温度应力和温度变形，在混凝土施工过程中要注意的问题有：

1）选用 P.S42.5 级矿渣硅酸盐水泥、优质长江中砂、石灰石矿的石子。

2）外加剂需经设计院认可。

3）掺入粉煤灰，以替代部分水泥用量，推迟混凝土强度的增长，从而减少水泥水化热的不利影响。细度应符合现行国家标准的规定。掺量应通过试验确定。

4）施工期间，要根据天气及材料等实际情况，及时调整配比，并且应避免在雨天施工。

5）提高混凝土抗拉强度，保证骨料级配良好。控制石子、砂的含泥量不超过1％和3％，且不得含有其他杂质。

（2）温度控制

为控制好混凝土内部温度与表面温度之差不超过25℃，施工中主要采取如下措施（主要为保温保湿）：

1）尽量降低混凝土入模浇筑温度，必要时用湿润草帘遮盖泵管。

2）为防止混凝土表面散热过快，避免内、外温差过大而产生裂缝，混凝土终凝后，立即进行保温养护，保温养护时间根据测温控制，当混凝土表面温度与大气温度基本相同时（约4～5d），撤掉保温养护，改为浇水养护，浇水养护不得少于14d。保湿保温养护措施：先铺一层塑料布，上面铺二层草帘子，根据温差来决定草帘子的增加量。如遇雨天，必须在草垫子上再增加一层塑料布防雨，并做好排水措施。

（3）浇筑方案

本工程地下室底板尺寸较大，为防止冷缝出现，采用泵送商品混凝土，施工时采取斜面分层、依次推进、整体浇筑的方法，使每次叠合层面的浇筑间隔时间不得大于8h，小于混凝土的初凝时间。

现场采取4个作业班组，交替作业，结合现场具体浇筑实际情况调动，要求一定确保每一下料口混凝土能很好地覆盖上层已浇筑的混凝土，避免形成冷缝。考虑到气温对混凝土浇筑的影响，选择在晚上开始浇筑混凝土。

1）方案可行性计算

混凝土浇筑采用斜面分层布料方法施工，即"一个坡度、分层浇筑、循序渐进"。地泵浇筑速度为20m³/h。混凝土初凝时间为10～12h。

避免冷缝出现：

第一次浇筑混凝土所需方量：$13×(0.5+1×7+0.5)×1/2=52m^3$

第二次浇筑混凝土所需方量：$20×(1.5+1×7+1.5)×1/2-60=36m^3$

因 $52+36=88m^3 > 36+36=72m^3$

则 $88/35=2.5h$ 循环一次所需时间 $2.5×2=5.0h < 8h$

故混凝土不会出现冷缝。

2）混凝土地泵管布置

混凝土地泵管垂直布设如图4.5.14所示。

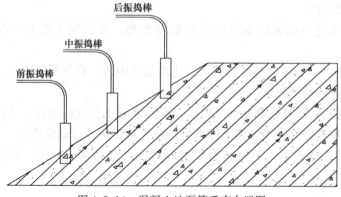

图4.5.14　混凝土地泵管垂直布置图

3）混凝土的振捣

在每一下料口，三个振捣手均匀分布在整个斜面，向前推进过程中，确保不漏振，使新泵出的混凝土与上一斜面混凝土充分密实地结合，振捣应及时、到位，避免混凝土中石子流入坡底，发生离析现象。

混凝土采用机械振捣棒振捣。振捣棒的操作要做到"快插慢拔"、上下抽动、均匀振捣，插点要均匀排列，插点采用并列式和交错式均可；插点间距为 300～400mm，插入下层尚未初凝的混凝土中约 50～100mm，振捣时应依次进行，不要跳跃式振捣，以防发生漏振。每一振点的振捣延续时间为 30s，使混凝土表面水分不再显著下沉、不出现气泡、表面泛出灰浆为止。为使混凝土振捣密实，每台混凝土泵出料口配备 6 台振捣棒（4 台工作，2 台备用），分三道布置。第一道布置在出料点，使混凝土形成自然流淌坡度；第二道布置在坡脚处，确保混凝土下部密实；第三道布置在斜面中部，在斜面上各点要严格控制振捣时间、移动距离和插入深度。

4）混凝土表面处理

大体积混凝土的表面水泥浆较厚，且泌水现象严重，应仔细处理。对于表面泌水，当每层混凝土浇筑接近尾声时，应人为将水引向低洼边部处缩为小水潭，然后用小水泵将水抽至附近排水井。在混凝土浇筑后 4～8h 内，将部分浮浆清掉，初步用长刮尺刮平，然后用木抹子搓平压实。在初凝以后，混凝土表面会出现龟裂，终凝前要进行二次抹压，以便将龟裂纹消除，注意宜晚不宜早。

5）突发事件的处理

对在混凝土浇筑过程中可能发生的影响混凝土连续浇筑的突然事件，我们应做好充分的预防、准备工作：

① 针对在浇筑过程中可能出现的潜水泵损坏问题，施工前应有备用泵。

② 因整个底板的混凝土浇筑时间较长，这期间天气又可能发生变化，故应做好充分的防雨工作。

③ 为防止因偶然事件引发施工现场全面停电而造成混凝土无法连续浇筑的现象发生，施工前应设法连接上备用电。

④ 为防止施工期间发生振捣棒损坏而影响施工质量，施工前每一下料口均应配有一台备用的振捣棒。

（4）混凝土测温及监控

大体积混凝土浇筑后，必须进行监测，检测混凝土表面温度与结构中心温度。以便采取相应措施，保证混凝土的施工质量。当混凝土内、外温度差超过 25℃ 时，应紧急增加覆盖一层草帘，控制温差。

1）测温点布置：本工程用电子测温仪测温。测温探头在混凝土浇筑前埋入测温位置，既能保证施工质量，同时还能测量混凝土入模温度。本工程采用 JDC-2 型建筑电子测温仪测量混凝土内部温度。温度传感器分三层布置，平面位置共布置 25 个测点，每个测点分别布置在每层混凝土底部、中部及上部，以测量底板内部及表面温度。电子传感器导线应缠绕在马镫筋上，浇筑及振捣混凝土时应注意勿将其损坏。

2）测温制度：在混凝土内部温度峰值来临前期每 2h 测一次；混凝土内部温度峰值来临后期（24h 内）每 4h 测一次，再后期每 6～8h 测一次，同时应测大气温度。所有测温孔均需编号，测温工作应让懂技术、责任心强的专业人员进行内部不同深度与表面温度的测量并进行测温记录，交技术负责人阅签，并作为对混凝土施工质量控制的依据。

（5）施工注意事项

1）为保证施工顺利进行，不出现质量事故，施工前应周密计划，统一协调，使施工有条不紊地进行。

2）混凝土浇筑应注意使中部的混凝土略高于四周边缘的混凝土，以便使经振捣产生的泌水向四周排出，以减少混凝土表面产生的浮浆。

3）在整个浇筑期间，各工种都要安排专人加强对钢筋、模板、预埋铁件的看管，防止走动。

4）加快基础回填，避免基础结构侧面长期暴露；适时停止降水避免降温收缩与干缩。

5）外墙吊模处因其不易保温、易出现温差过大而成为施工中的薄弱环节，要求施工队在此处精心施工，养护期间根据墙体宽度覆盖一层五彩布，再覆盖一层麻袋，若赶在雨天则需内部加衬一层塑料薄膜，以确保施工质量。

6）混凝土泵管架设要牢固，并考虑好人行走路线。

7）浇筑混凝土前，测量人员应在钢筋上做好混凝土标高的控制标志。有墙筋时，在墙筋上放出标志，无墙筋时，可在底板上皮筋加焊一根 $\phi 12$ 钢筋用以放线。

8）混凝土表面二次磨压后应进行扫毛处理。

9）为避免大体积混凝土在浇筑时出现冷缝，要求项目部派专人看管流淌在低洼处的混凝土，必要时插上小旗，已使其在初凝前得到及时的覆盖。

4.5.6 主体结构施工方案

一、主体模板工程

1. 模板工艺流程

模板工程施工流程图如图 4.5.15 所示。

2. 模板材料及配制

本工程全部采用九夹板木模。墙、柱模板采用 2 套，梁底模板和楼板模板采用 3 套，排架采用 4 套。

（1）剪力墙模板

选用 15mm 厚胶合板，根据墙体实际尺寸制成一块块定型模板，并编好号，再按编号将一块块定型模板按墙体实际尺寸装配成大模板，竖向背杠均用 50mm×90mm 的木枋与 15mm 厚胶合板用定型螺栓 $\phi 14$ 的圆钢一边攻丝一边与 3mm×3mm×0.3mm 的钢板焊接，水平间距为 600mm，连接成整体，竖向背杠间距为 300mm，木枋一边对齐，另一边超出 15mm 厚竹胶合板 20mm。上、下两个相邻模板在配制时竖向背杠应相互错开，相互伸进 200mm。

（2）梁模板

梁底模选用 18mm 厚九层板，根据梁底实际尺寸制成一块块定型模板，九层板下均与 3 根 50mm×90mm 的木枋连接成整体（用铁钉钉牢），两个边上的木枋伸出梁底模 20mm，并编好号；梁侧模选用 15mm 厚竹胶板，竹胶板背后用 50mm×90mm 的木枋连成整体（用铁钉钉牢），高度≤700mm 的梁，木枋间距可小于 400mm 且对称布置。所有

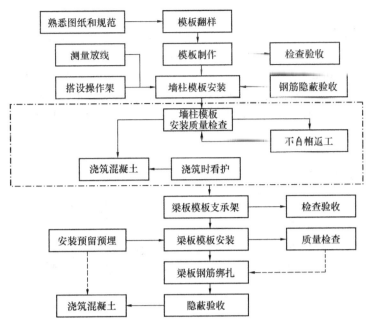

图 4.5.15　模板工程施工流程图

梁模在配制时必须是梁侧模夹梁底模。

（3）楼板模板

采用 2240mm×1200mm×18mm 九层板，板缝拼接用九层板直接缝，不准用胶粘带贴缝，板下设 50mm×90mm 木枋、φ48 横钢管作为水平支撑（图 4.5.16）。

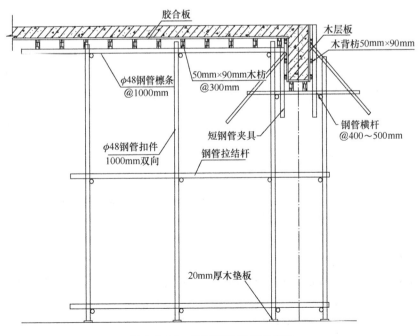

图 4.5.16　框架梁及楼板支模图

（4）柱模板

按柱子断面尺寸、柱子高度将柱子的四个面分别用 15mm 厚竹胶合板制作成两段：柱子中下部、梁柱接头处、柱子中下部模板背后竖向均用 50mm×90mm 木枋连成整体，木枋间距为 200～300mm。木枋一边对齐，另一边超出 15mm 厚竹胶合板 20mm，以便柱子四面模板交接处形成紧密连接，并在模板交接处贴上双面胶带，防止柱角漏浆；梁柱接头处用散拼模板。柱子中下部模板在配制时，竖向背杠木枋应伸出模板 10～15mm。柱子模板配制示意如图 4.5.17 所示。

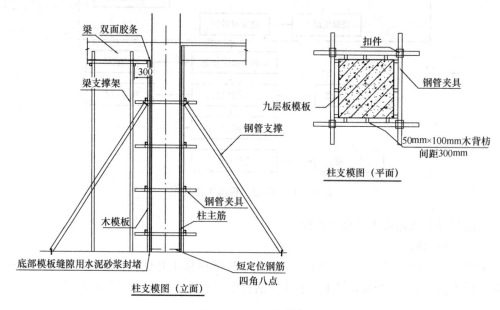

图 4.5.17　柱支模图

（5）电梯井内模板

本工程电梯井较多，因此将各个电梯井内模用 18mm 厚酚醛树脂胶合板根据电梯井实际尺寸，将电梯井内壁四方制作成定型大模板，板后均用 50mm×100mm 的木枋连成整体（图 4.5.18）。

（6）楼梯模板

楼梯模板由底模、外帮板、踏步侧板等组成。楼梯模板在配制时必须先放出大样，以便量出模板的准确尺寸，楼梯底模根据放样尺寸用 18mm 厚九层板制作，楼梯外帮板用 18mm 厚九层板制作，背后用 50mm×90mm 木枋连成整体，踏步侧板用 40mm 厚木板制作，侧板宽度至少要等于梯段厚及踏步高。

3. 模板支撑体系

（1）剪力墙模板支撑

剪力墙竖向背杠用 50mm×90mm 的木枋，间距为 200～300mm，横向背杠采用 ϕ48 双钢管，用 ϕ14 的对拉穿墙螺杆加山型卡加固，第一道横向背杠在离楼板面 150mm 处设置，其他横向背杠设置为：墙高下部 1/3 处间距为 300mm，中上部间距为 600mm，ϕ14 的对拉穿墙螺杆在墙中设置 PVC 塑料套管，两端加塑料堵头，钢管"〈"形斜撑在墙上下口模板的水平背杠上，与模板支撑体系连成整体。ϕ14 的对拉穿墙螺杆在剪力墙高下部 1/3

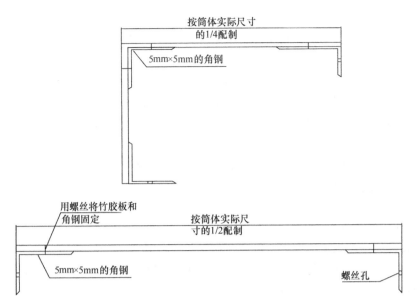

按筒体实际尺寸
的1/4配制

5mm×5mm的角钢

用螺丝将竹胶板和
角钢固定

按筒体实际尺
寸的1/2配制

5mm×5mm的角钢

螺丝孔

图 4.5.18 电梯井内墙模板设置

处纵横向间距为 300mm×300mm，其他地方纵横向间距为 600mm×600mm。

（2）楼板模板支撑

楼板采用钢管支撑体系，立杆纵横间距为 900～1200mm，支撑架水平杆间距 1800mm 设一道，扫地杆离地 150mm。立杆顶端用钢管纵横设置作为抄平杆件，其上用间距为 200～300mm 尺寸为 50mm×90mm 的木枋作为板模支垫。钢管支撑体系的剪刀撑隔排设置。

（3）柱模的支撑

柱模支撑采用 [6.5 槽钢、木枋加固体系，首先用木枋将柱子中下整块模板和梁柱接头处散拼模板安装好，横杠采用 [6.5 槽钢。在柱子底部离楼板面 100mm 处、柱子中部、梁柱接头处用 $\phi48$ 钢管和 $\phi14$ 对拉丝杆组成三道定位抱箍将柱模固定，并用 $\phi48$ 钢管与四周满堂脚手架对撑，连成整体；然后在柱子底部离楼板面 150mm 处用 4 根 [6.5 槽钢和 4 根 $\phi14$ 对拉丝杆组成第一道槽钢抱箍将柱模箍牢，对拉丝杆作法：$\phi14$ 圆钢一端与"I"形 $\phi18$ 螺纹钢焊接，另一端攻丝加瓦丝板、山型卡、螺帽连接，柱子槽钢抱箍在柱子下部 1/3 处间距为 300mm，在柱子中上部间距为 600mm。柱子断面尺寸大于 700mm 时，应用每面两根 $\phi14$ 的对拉穿墙螺杆加瓦丝板加固，间距随着槽钢抱箍确定；柱子断面尺寸大于 900mm 时，应用每面 4 根 $\phi14$ 的对拉穿墙螺杆加瓦丝板加固，间距随着槽钢抱箍确定；$\phi14$ 的对拉穿墙螺杆作法与剪力墙对拉穿墙螺杆一样。

（4）电梯井内模板支撑

电梯井竖向背杠用 50mm×100mm 的木枋，间距为 200～300mm，横向背杠采用 $\phi48$ 双钢管，间距为 500mm，用 $\phi14$ 的对拉穿墙螺杆加山型卡加固，第一道横向背杠在上一次模板 150mm 处设置，$\phi14$ 的对拉穿墙螺杆间距为 600mm，$\phi14$ 的对拉穿墙螺杆在墙中设置 PVC 塑料套管，两端加塑料堵头，在电梯井筒内用 $\phi48$ 钢管连成"井"字架，与模板横向背杠连成整体，电梯井壁每隔 4 层用 $\phi50$PVC 套管预留钢管洞。

（5）梁模支撑

1）主梁模板支撑：主梁模板采用钢管支撑体系，立杆纵向间距为 700mm，立杆横向间距为梁宽＋500 mm，支撑架横杆间距每 1800mm 设一道，扫地杆离地 150mm。梁找平钢管用扣件与立杆相连，梁侧模立钢管用扣件与梁找平钢管相连，通过斜撑钢管用扣件将梁侧模立钢管与梁横杆相连形成整体将梁侧模紧紧箍住，保证梁断面尺寸不变形。

2）次梁模板支撑：次梁模板采用钢管支撑体系，立杆纵向间距为 900mm，立杆横向间距为梁宽＋500mm，支撑架横杆间距每 1800mm 设一道，扫地杆离地 150mm。梁找平钢管用扣件与立杆相连，梁侧模立钢管用扣件与梁找平钢管相连，通过斜撑钢管用扣件将梁侧模立钢管与梁横杆相连形成整体将梁侧模紧紧箍住，保证梁断面尺寸不变形。

4. 模板安装

（1）墙体模板的支设

1）墙体放线：认真熟悉图纸，准确放出墙体支模线，并明确标识出砌体填充墙的位置及门窗洞口尺寸。竖向放线，每放一层要以第一设置层的定位线用 50m 钢卷尺往上量测，将各层的施工误差降低到最低。放墙体大角线时，要用两台经纬仪在墙体的两个方向同时观测，确保墙体大角的方向垂直，减少混凝土浇筑后在大角留下的接缝岔口。

2）墙体支模：支模时根据楼层上放出的支模线将配好并编号的模板进行组装，组装时用胶带在拼接处和阴阳角处粘牢填实。墙体采用穿墙螺杆外套的 PVC 硬塑料管和 $\phi14$ 的钢筋作内撑，穿墙螺杆和间隔 600mm 的钢筋拉钩控制墙体厚度，墙体模板支撑厚度小于设计墙厚 5mm。墙体支模完毕，经校正后再紧固墙体支模支撑架。为防止漏浆和安装模板，在墙模下部做 30mm×20mm 的 1∶3 的水泥砂浆找平带。外墙在短肢墙洞口处设置锁口钢管，与满堂脚手架连成整体，防止外模的移位。

（2）柱子模板的支设

1）柱子放线：认真熟悉图纸，准确放出柱子支模线与柱子控制线，柱子控制线距柱子支模线 500～1000mm。

2）柱子支模：支模时根据楼层上放出的支模线将配好并编号的模板进行组装，组装时用胶带在拼接处和阴阳角处粘牢填实。柱子采用柱模咬口、柱子主筋上的垫块及柱子箍筋控制墙体厚度，当柱子断面尺寸大于 700mm 时另加柱子对拉螺杆外套的 PVC 硬塑料管控制墙体厚度，墙体模板支撑厚度小于设计墙厚 5mm，柱子支模完毕，经校正后再紧固柱模环箍钢管，柱模环箍钢管设置牢固，最后将柱模上、中、下支撑钢管与满堂脚手架连成整体，防止柱模的移位。

（3）梁模板的支设

1）梁放线：认真熟悉图纸，根据楼板上弹出的轴线测设出梁构件控制线并进行标定。

2）梁模支设：支模时将编好号的梁底模进行组装，将组装好的梁底模根据梁找平杆上梁控制线安装在梁找平杆上，将梁底模校直后用扣件将梁底模固定；安装梁侧模时，首先将梁侧模立钢管连接在梁找平钢管上，通过横杆将梁侧模立钢管连成整体，将对应梁底模编号的梁侧模组装好，安装在梁底模上，将侧模校正后，拧紧梁模支撑架。梁模安装宽度小于设计梁宽 5mm。

（4）楼梯模板的支设

1）本工程楼梯模板采用木模梯段模板，由底模、格栅、牵杠、单杠撑、外帮板、踏步侧板、反三角板等组成。

2）梯段侧板的宽度至少要等于梯段板厚度及踏步高，板的厚度为 30mm，按梯段长度确定。反三角木是由若干三角木块钉在方木上，三角木块两直角边长分别等于踏步的高和宽，板的厚度为 50mm，方木断面为 50mm×100mm，每一梯段反三角木至少要配一块，反三角木用横楞及立木支吊。

3）楼梯模板在配制时必须放出大样，以便量出模板的准确尺寸。

4）楼梯模板安装时先立平台梁、平台板的模板以及梯基的侧板，在平台和梯基侧板上钉托木，将格栅至于托木上，格栅的间距为 400～500mm，断面为 50mm×100mm，格栅下立牵杠及牵杠撑，牵杠端面为 50mm×150mm，牵杠撑间距为 1～1.2m，其下垫通长垫板，牵杠应与搁栅相垂直，牵杠撑之间应用拉杆相互拉结，然后在搁栅上铺梯段底板，底板厚为 25～30mm，底板纵向与搁栅相垂直，在底板上划梯段宽线，依线立外帮板，外帮板可用夹木或斜撑固定，再在靠墙的一面立反三角木，反三角木的两端与平台梁的梯基的侧板钉牢，然后在反三角木与外帮板之间逐块钉踏步侧板，踏步侧板一头钉在外帮板的木枋上，另一头钉在反三角木的侧面上。

5）要注意梯步高度均匀一致，最后一步及最上一步的高度必须考虑到梯地面最后的装饰厚度，防止由于装饰厚度不同而造成梯步高度不协调。

（5）模板装配要求

1）要保证模板及支撑具有足够的强度、刚度和稳定性，能够承受所浇筑混凝土的重量和侧压力以及各种施工荷载。

2）模板拼装时要力求构造简单，装拼方便，不妨碍钢筋绑扎，保证混凝土浇筑时不漏浆。

（6）模板施工要点

1）所有墙模板、柱模板安装前，先弹出模板边线及控制线。

2）墙、柱模板在安装完成后吊线检查垂直度，梁、墙拉通线校核轴线位置。

3）楼板、梁支架搭设好后，应复核底模标高位置是否正确，楼板、梁板跨度超过 4m 应按 1/1000～3/1000 起拱。

4）在浇筑混凝土前必须检查模板的各种连接件、支撑件等加固配件是否牢固、有无松动现象、模板拼缝是否严密、各种预埋件孔洞是否准确、固定是否牢固等。

5）模板安装误差必须控制在允许偏差范围内，如误差超过规范偏差值则必须进行处理。

5. 模板拆除

（1）模板的拆除，除了侧模，以能保证混凝土表面及棱角不受损坏时（混凝土强度大于 1.2N/mm²）方可拆除。底模应按现行国家标准《混凝土结构工程施工质量验收规范》GB 50204—2015 中现浇构件底模拆模时所需要混凝土强度的有关规定执行。

（2）模板拆除的顺序和方法应按照设计的规定进行，遵循先支后拆、先非承重部位后承重部位以及自上而下的原则，拆模时禁止用大锤和撬棍硬砸硬撬。

（3）拆模时操作人员应站在安全处，以免发生安全事故，待该片（段）模板全部拆除后，方准将模板配件、支架等运出堆放。

（4）拆下的模板配件等，严禁抛扔，要有人接应传递，按指定地点堆放，并做到及时清理维修和涂刷好隔离剂，以备待用。

二、主体钢筋工程

1. 钢筋工程工艺流程

本工程钢筋施工特点：局部梁、柱节点处配筋密集。钢筋绑扎流程如图4.5.19所示。

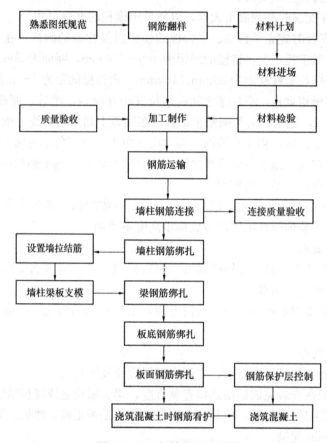

图4.5.19　钢筋绑扎流程图

2. 钢筋原材质量要求

（1）对进场的钢材严格把好质量关，每批进场的钢筋必须有出厂材质合格证明书及环境检测达标证，并按规定抽样试验合格后，方可使用。

（2）进场的每批钢筋用完后，钢筋工长、试验人员必须在试验报告合格证明书上注明该批钢筋所用楼层的部位，以便今后对结构进行分析，确保工程质量。

（3）钢筋在储运堆放时，必须挂标牌，并按级别、品种分规格堆放整齐，钢筋与地面之间应支垫不低于200mm的底垫或搭设钢管架，对于数量较大、使用时间较长的钢筋表面加覆盖物，以防止钢筋锈蚀和污染。

（4）钢筋在加工过程中，如发生脆断、焊接性能不良或力学性能不正常现象，应对该批钢材进行化学成分分析。对不符合国家标准规定的钢材不得用于工程。

（5）钢筋规格品种不齐，需代换时，应先经过设计单位同意，方可进行代换，并及时办理技术核定单。

（6）钢筋原材的进场复验：钢筋进场时，应按现行国家标准《钢筋混凝土用热轧带肋钢筋》GB 1499 的规定抽取试件做力学性能检验，其质量必须符合有关标准的规定。

1）取样规则：热轧带肋钢筋、低碳钢热轧圆盘条每批由重量不大于 60t 的同一牌号、同一罐号、同一规格的钢筋组成。

2）取样数量：

① 直条钢筋：每批直条钢筋应做 2 个拉伸试验、2 个弯曲试验。

② 盘条钢筋：每批盘条钢筋应做 1 个拉伸试验、2 个弯曲试验。

3）取样方法：拉伸和弯曲试验的试样可在每批材料中任选两根钢筋切取。端部去掉 500mm，每根切 2 段，每段长度具体尺寸由试验机器确定，一般拉伸试件为 500mm 长、弯曲试件为 400mm 长。

3. 钢筋加工制作及焊接

（1）钢筋一般在现场钢筋棚和业主提供的场外加工场地进行加工制作。

（2）直径大于 φ18 的钢筋采用电渣压力焊后再下料制作，尽量做到不丢短节、节约钢筋，柱竖向钢筋在楼层上接头，钢筋应分两批接头，位置按设计要求确定。

（3）对于结构部位、节点复杂的构件，应认真全面熟悉图纸，弄清其锚固方式及长度，对梁柱节点处各构件的钢筋排放位置进行合理安排，避免绑扎时发生钢筋挤压成堆的情况，按图放样，在施工前对每一编号钢筋均应先试制无误后，方可批量加工生产。

（4）所有钢筋尺寸必须满足施工规范要求，除对焊箍筋、搭接焊箍外的其余箍筋做成 135° 弯钩且下直长度不小于 10d，主钢筋搭接部位的箍筋应按规范加密布置，箍筋制作弯心应大于主筋直径。

（5）钢筋在安装绑扎时，墙竖向钢筋直径≤16mm 时，采用电焊压力焊接长，分两批接头，第一批、第二批接头数各占 50%，交错布置；柱子竖向钢筋≥18mm 时采用机械连接。

（6）钢筋焊接质量应满足现行行业标准《钢筋焊接及验收规程》JGJ 18 的要求，焊工均持证上岗，并在正式施工前试焊，试件合格后方可正式施焊。施工中应按规范要求取样进行力学试验。

（7）钢筋焊接件的取样。

1）电渣压力焊

① 以每一楼层 300 个同级别钢筋接头作为一批，不足 300 个时仍作为一批。

② 从每批接头中随机切取 3 个接头做拉伸试验。

2）机械连接件

① 工艺检验：钢筋连接前及施工过程中，应对每批进场进行接头工艺检验，每种规格钢筋接头的工艺检验的接头不应少于 3 个。

② 接头的现场检验：同一施工条件下采用同一批材料的同等级、同形式、同规格接头，以 500 个接头为一验收批，不足 500 个也作为一批，每一验收批，必须在工程结构中随机截取 3 个试件做单向拉伸试验。

4. 钢筋安装绑扎

（1）本工程为全现浇框架-剪力墙结构，构件分为墙柱、梁、板及楼梯四大类。柱主筋采用直螺纹连接。

1）墙柱钢筋施工顺序

柱子主筋直螺纹连接（墙主筋电渣压力焊连接）→穿箍筋或水平筋绑扎（砌体拉接钢筋不预埋，在墙体拆模后采取种植拉结钢筋的办法）。

2）墙柱钢筋的绑扎

钢筋均用手工绑扎，绑扎前要求复核钢筋是否移位，移位的钢筋及时纠正，同时检查钢筋焊接的质量是否符合规范要求，不合格的钢筋焊接必须返工、重焊，检验都合格后方可进行墙柱箍筋的绑扎。钢筋绑扎时应标出箍筋的间距和加密区，然后套入箍筋，由下向上逐个绑扎，钢筋绑扎应先将墙柱角部的主筋绑扎牢固，中部的主筋排距均匀、对称。箍筋间距水平一致，箍筋的接驳口不得在同一方向，因有抗震要求必须弯135°弯钩，绑扎搭接长度范围内箍筋应加密。墙柱主筋绑扎完成后，即用专用塑胶垫块卡在柱主筋上，以控制钢筋保护层，每方不应少于3排6个，且双向间距不应大于1m。

3）梁、板钢筋施工顺序

框架主梁主筋安装就位→穿主梁箍筋→绑扎主梁钢筋骨架→次梁主筋就位、穿箍筋→次梁钢筋绑扎→楼板下层钢筋安装绑扎→板面负筋安装绑扎→安装构造柱预埋筋。

4）梁板钢筋绑扎

① 梁筋的配置应尽可能通长配置，减少现场搭接接头。如因施工条件不能满足要求时，可以采用现场绑扎搭接连接。搭接位置除按设计明确规定外，上部筋在跨中的1/3范围内，下部筋在支承处，搭接长度 $d \leqslant 25mm$ 时为35d，$d > 25mm$ 时为40d。为保证钢筋的排距和间距，梁主筋两排以上的，可用钢筋垫块并绑扎牢固。所有箍筋全用135°弯钩，平直长度为10d，以满足设计抗震要求。

② 根据相关文件规定，楼板钢筋应采取双层双向配置，阳角处设置放射形钢筋，因此在板的钢筋绑扎时必须严格按照设计的钢筋规格、间距和排列方向进行布料和绑扎，对钢筋各交叉点应全部绑扎牢固，不应脱扣。上下层之间设成品钢筋马凳控制钢筋保护层和楼板的厚度，钢筋撑间距不得大于1.2m，撑脚应与上下层钢筋绑扎牢固，防止浇筑混凝土时变形、跑位。

③ 板的底层钢筋绑扎后立即插入安装管线预埋，经检查合格后再绑扎上层钢筋。上层钢筋完成后再进行预留孔洞的设置，这些操作应注意不得踩踏上层钢筋，否则应及时修复。对预埋管线较密集的部位应增设钢筋网片，以防止楼板开裂。

（2）梁、板钢筋绑扎与模板班组紧密配合，主次梁均应就位绑扎后，再安装侧模板和板模。钢筋绑扎，针对各部分结构情况，确定各梁的安装顺序和穿插次序。

（3）梁、墙、板上留设孔洞时，必须按设计要求增设加强钢筋。

（4）各种构件钢筋放置的顺序应遵守：主次梁相交时，次梁钢筋放在主梁之上，上层钢筋应在梁筋之上；墙柱边布置的梁，主筋应放在柱主筋以内。楼板在墙体转角处设置放射钢筋，详见设计说明。

（5）梁、柱箍筋应将接头位置交错间隔布置，梁柱均需满扎，墙四周必须满扎，中间可间隔跳空绑扎。

（6）梁、柱节点处钢筋密集，柱外围封闭箍筋可制成两个开口箍筋，在梁主筋就位后，再安装柱箍筋，接头处搭接焊长度为10d。

（7）钢筋保护层采用专业厂家生产的塑胶垫块来保证，其间距柱每边一排不小于3

个，每排间距为 0.8m，框架梁梁底每排 2 个，每排间距为 0.6m，两侧为 0.8m。

（8）主次梁相交处，应按设计要求增加吊筋和加密箍筋，梁柱端部箍筋应按设计要求的加密区范围进行加密布置。

（9）钢筋定位措施

1）在楼板面墙筋、柱筋位置上设置一个水平箍筋，固定前先复核轴线位置，准确后用电焊固定水平箍筋及竖向筋排距，控制偏差。在浇筑混凝土时，由专人负责看护，发现问题及时修正，以保证墙体括筋、柱子主筋位置正确且垂直，混凝土初凝后则不能再校正摇动钢筋。

2）梁钢筋定位：梁多排钢筋之间用 φ 25@1000 横向短筋支垫。

3）板筋的定位：在剪力墙周围沿一边设水平固定筋并与竖筋焊牢，板的中部设 φ 12 @1200 分布筋，以保证钢筋的正确位置且不变。

三、主体混凝土工程

1. 混凝土工程工艺流程

混凝土工程工艺流程如图 4.5.20 所示。

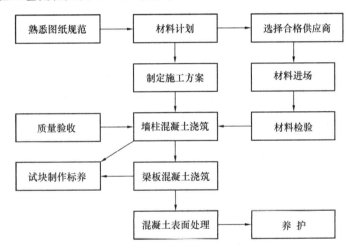

图 4.5.20　混凝土工程工艺流程图

2. 混凝土的材料要求

本工程的混凝土均采用商品混凝土加泵送，要选择质量比较稳定可靠的商品混凝土厂家，且要求混凝土配置时采用中砂、普通硅酸盐或硅酸盐水泥，用水量不大于 180kg/m³，外掺料粉煤灰不大于水泥用量的 15%，矿料不大于水泥用量的 20%，坍落度到现场不大于 18cm。以上要求在第一车混凝土到现场时进行检测，检查配合比和坍落度，不符合要求的坚决退厂，在浇筑过程中对坍落度随车检测。

3. 混凝土的运输

该工程混凝土全部采取商品混凝土，以泵送运输为主，混凝土由搅拌站出料后，经混凝土运输车运至施工现场，然后直接由泵输送至浇筑点。

4. 混凝土的浇筑

（1）墙柱混凝土浇筑应分层连续进行，分层下料振捣厚度控制为 500mm 厚，当混凝土下料自由高度大于 2.0m 时，应采用串筒下料。

（2）柱混凝土浇筑前先浇一层 5～10cm 厚的与混凝土同成分无石子的砂浆，然后再浇筑混凝土。

（3）为减小墙柱底中模板在浇筑混凝土时所受的侧压力，应适当控制混凝土的浇筑时间，以浇筑到 2m 高左右时，底部最初浇筑的混凝土达到初凝为控制标准。

（4）混凝土分层浇筑时，采用振动棒振捣密实，振点布置均匀，间距为 400～500mm，振动上层时，振动棒应插入下层混凝土 50mm，上下层混凝土浇筑的间距时间不大于混凝土初凝时间。

（5）当楼梯两边都是剪力墙时楼梯混凝土的浇筑：浇筑上一层柱、墙、梁板混凝土时浇筑下一层楼梯混凝土，其施工缝留在楼梯根部处。

（6）楼板混凝土浇筑时，应分带连续进行，梁高超过 500mm 时，应分两次下料振捣。

（7）梁板采用振动棒振捣，再辅以平板振动器二次振捣。

（8）在混凝土浇筑后，先用刮尺初步找平，然后用木抹子提浆和找平。

（9）在楼板混凝土接近初凝时，用铁滚筒碾压平整，主要是增大混凝土密实度，封闭表面收缩微裂纹；在混凝土接近终凝前，再用铁抹子压实压平，以进一步提高表面平整度。然后对表面扫毛且扫毛方向一致，以利于二次装饰时的粘结牢固。

（10）楼板混凝土必须一次连续浇筑，如发生意外情况，混凝土不能连续施工时，应将施工缝留设在跨中 1/3 范围内。施工缝的留设与后浇带留设方法一样。

（11）楼板混凝土厚度控制除在墙柱钢筋上画出控制标记，浇筑时还在操作带范围设特制的板厚控制铁凳，其间距为 1.5m，铁凳在找平后混凝土初凝前取出，重复使用。

5. 混凝土试块留置及施工记录

每次必须在混凝土入模部位进行混凝土取样，取样方法及施工记录同地下室混凝土工程。

6. 混凝土养护

本工程混凝土结构施工跨越夏季和冬季。夏季混凝土养护应在混凝土浇筑完毕后 8h 开始养护，先用麻袋覆盖，然后不定时派专人用喷雾器浇水养护，以保持混凝土面湿润为准。在冬季施工时，应避免新浇混凝土受冻，楼板混凝土初凝后应采用麻袋覆盖保湿养护，不宜浇水养护，必要时用塑料薄膜覆盖采取保温保湿法养护。混凝土养护时间不少于 14 昼夜。

四、砌体工程

1. 砌体工程概况

本工程砌体材料采用加气混凝土砌块，粘接材料为专用砂浆。

2. 砌体工程工艺流程

砌体工程工艺流程如图 4.5.21 所示。

3. 砌筑方法

（1）开始砌筑时先要进行摆砖，排出灰缝宽度。摆砖时应注意门窗位置、砖垛等对灰缝的影响，同时要考虑窗间墙的砌筑方法，在同一墙面上各部位组砌方法应统一，并使其上下一致。

（2）砌砖时，必须先拉准线，依准线砌筑。

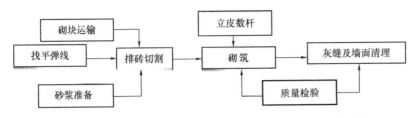

图 4.5.21　砌体工程工艺流程图

（3）砖墙的转角处和交接处应同时砌筑，对不能同时砌筑的必须留槎时，应砌成斜面槎，斜槎长度不应小于高度的 2/3。对必须留直槎的部位，应沿槎口高度方向每 500mm 设置 2Φ6 水平拉结筋。

（4）墙与构造柱应沿墙高每 50cm 设置 2Φ6 水平钢筋，每边伸入墙内不小于 1m，构造柱处砖墙成马牙槎，马牙槎留置是每边留 60mm，先退后进，每一马牙槎沿高度方向的尺寸不宜超过 30cm。

（5）当墙体高度超过 3m 时，应在墙体中部增加一道 60mm 厚 3Φ6 现浇混凝土板带，当墙体长度大于 5m 时，应增设钢筋混凝土构造柱。

（6）砖墙中留置过人洞，其侧边离交接处的墙面不应小于 50cm，洞口顶部设置过梁，两边墙内预留拉结筋。

（7）每天砌筑高度不应超过一步架（1.8m）。

（8）墙中洞口、管道、沟槽和预埋件等，应于砌筑时正确留出或预埋，宽度超过 30cm 的洞口，其上面应设置过梁。

（9）所有外墙面预留的脚手洞、支模板用预留洞等必须采用 C20 细石混凝土灌实，并由专人负责检查。

（10）填充墙顶部与梁底的撑砖必须在该墙体浇筑成型 5～6d 后再进行施工，不得一次到顶。

4. 安全措施

（1）墙体砌筑高度超过地坪 1.2m 以上时，应搭设脚手架。在一层以上采用脚手架必须支搭安全网，脚手架上堆砖不得超过 3 皮侧砖高，同一脚手板上的人不应超过 2 人。

（2）不准站在墙顶上做划刮、清扫墙面及检查大角垂直度等工作。

（3）吊砖应使用专用吊笼，吊砂浆的料斗不能装载过满，吊件回转范围内不得有人停留。

4.5.7　屋面工程

一、屋面工程概况

本工程屋面有上人屋面、不上人屋面、屋顶花园、游泳池植被屋面四种形式。

1. 屋面工程中的防水分项工程做法

（1）上人屋面及不上人屋面采用 3mm 厚 SBS 改性沥青防水卷材双层。

（2）屋顶花园采用 3mm 厚 SBS 改性沥青防水卷材加 4 厚 SBS 改性沥青耐根穿刺防水卷材。

（3）游泳池植被屋面采用 3 厚 SBS 改性沥青防水卷材加 4 厚 SBS 改性沥青耐根穿刺

防水卷材。

2. 防水保护层

（1）上人屋面及不上人屋面采用 100mm 厚泡沫玻璃加 40mm 厚 C20 细石混凝土，内配Φ6@200 双向筋，设分仓缝 6m×6m，缝宽 20mm 并嵌密封膏。

（2）屋顶花园及游泳池植被屋面采用支点型夹层塑料板加土工布隔离层。

二、防水施工方案

（1）防水材料应有合格证，材料进场及时送中心试验室复验，合格之后方能使用。

（2）防水工程必须由专业施工单位施工操作人员持证上岗，严格按图施工，符合规范要求。

（3）选择连续晴天施工，基层保证干燥，含水量符合标准。施工前必须将基层清理干净。

（4）防水层铺贴要严格按规范要求，做到平整顺直，搭接尺寸准确，不扭曲不皱折。特别是细部节点如天沟、落水孔、上人孔、女儿墙根、伸缩缝、抗震缝、分格缝及阴阳角卷材收边等部位更要粘结牢固，做到精心施工。

（5）铺贴防水卷材前，还应做好保温层排气道和通风口（孔），防止卷材防水层起泡。找平层应留分格缝，防止找平层因收缩拉裂防水层。

（6）防水层施工完毕应持续两天进行淋水试验，或在雨后检验有无渗漏和积水，排水是否通畅。

（7）防水层施工完毕要做好产品保护，严禁在防水层和上凿孔打洞，防止重物冲击；不得任意在屋面上堆放杂物。严防落水口天沟堵塞。

三、保温板施工方案

挤塑保温板是一种新型保温材料，在本工程的屋面工程中得到大量应用，因其施工与传统的保温工艺不一样，在近几年推广应用中总结出了较为完善的施工工艺，本节重点讲述挤塑保温板的具体施工方法。

1. 工艺流程

清理基层→水泥砂浆找平→防水层→铺设挤塑板→水泥砂浆保护层→屋面装饰。

挤塑板排列方法和要求：

（1）挤塑板排列时，必须根据设计图纸平面尺寸和挤塑板尺寸，以节省板材。

（2）铺贴前，应对板材的外观质量进行检查，尽量少使用断裂板材；应清除板材表面的污物和碎屑。

（3）排列时，应尽可能采用主规格和工厂的标准规格板材，少用或不用异形规格材料。

（4）屋面排水沟处应先在水沟旁边用砖（M5 水泥砂浆砌筑）或块材砌堵头。

（5）遇到有特殊形状如圆形的地方，应先铺设特殊部位，然后根据板材大小弹线铺设其他部位。

2. 施工要点

（1）铺贴前，应将防水做好，然后按楼面尺寸排列并在防水材料上弹线。

（2）水泥胶结材料采用 108 胶，水泥采用 P.O32.5 级普通硅酸盐水泥，配制比例为（体积比）：108 胶：水：水泥＝1：3：6。配制时先将水和 108 胶加入容器搅拌溶解，再加入水泥搅拌至无凝块、无沉淀即可使用。制成的水泥胶结剂应在4h内用完，并根据挥发情况随时补水调和。

（3）铺贴时，应先在防水层上刷一层胶粘剂，然后根据已弹好的线铺贴，注意横平竖直。

（4）铺贴好的挤塑板板缝间隙应控制在3～5mm，并用细砂填封，上用100mm宽附加卷材盖面（图4.5.22）。

（5）板材切割时应采用手持小型切割机，在楼面指定地点切割。

（6）挤塑板施工时应注意轻拿轻放、小心操作，以防损坏板材。

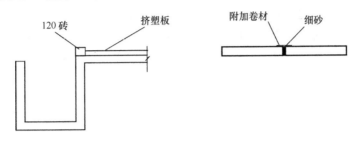

图4.5.22　卷材铺设流程图

（7）挤塑板上部水泥砂浆保护层施工时，应将砂浆倒在指定地点，然后在板材上用木板铺好通道用拖车运送。

3. 质量保证措施及标准

（1）材料质量保证措施

1）挤塑板厚度必须满足设计要求，厚度一致，物理性质应现场取样进行检测，进场后应整齐堆放，远离火源，如长时间不使用，应有适当的存放地或进行遮盖。

2）水泥必须经强度、安定性复验合格后方可使用，108胶应符合规定要求。

（2）施工质量保证措施

1）落实施工人员，做好技术交底。

2）全面清理防水面层，打扫干净。

3）施工前应保证防水层干燥，以保证挤塑板与防水层间粘结良好。

4）为防止挤塑板空鼓，铺贴时用胶粘剂在防水层上满铺，并仔细用橡胶榔头将每块挤塑板敲牢。

5）防水层表面不平处用胶粘剂补平，严格控制挤塑板表面平整度。

6）严格控制板缝间宽度，板缝应及时用细砂填封。

7）一段施工结束，经检查后，立即进行水泥砂浆保护层施工。

（3）质量标准

挤塑板自身的质量标准见表4.5.6。

挤塑板施工一般尺寸允许偏差　　　　　　　　表4.5.6

序号	项　目	允许偏差（mm）	检验方法
1	板缝平直	5	用经纬仪或拉线和尺量检查
2	表面平整	8	用2m靠尺和水准仪检查
3	板缝宽度	3	用楔形塞尺检查

4. 安全措施

（1）检查垂直运输机械进出口处木板是否牢固，外围防护是否到位。

（2）面板材应堆放整齐，严禁随意堆放。

（3）切割板材时，应固定地点专人操作，注意安全。

（4）如遇大风、大雨等异常气候，应停止施工，并及时对板材进行临时固定，以保证其稳定性。

4.5.8 装饰装修工程

本工程的装饰装修比较高档，且所涉及的专业比较多，根据合同要求，本工程部分装饰装修工程需在施工时再做确定，因此，本方案中仅介绍设计图纸中所列出的常规装饰装修分项工程的施工方法，特殊工艺在施工前编制专项施工方案报监理和业主审批后实施。

一、楼地面工程

1. 楼地面的防水

本工程中的一些特殊用途房间设计有防水要求，主要为涂料防水。

（1）防水基层必须用1:2.5的水泥砂浆找平层，在抹找平层时，凡遇管子根部周围，要使其略高于地平面，而在地漏周围，则应做成略低于平面的洼坑，找平层坡度以1%～2%为宜。

（2）基层必须基本干燥，一般在基层表面均匀泛白无明显水印时，才能进行防水层的施工。施工前要把基层表面的尘土清扫干净。

（3）对于施工作业面较小的房间，一般可用小滚刷或油漆刷进行涂刷。如有管道穿过楼层时，对管子根部和地漏周围必须涂刷好，并要求涂层比大面积厚度增加0.5mm左右，以确保防水质量。

2. 水泥楼地面工程

先将基层清理干净，并用水冲刷使表面保持湿润，但不积水，然后地面标高抄平定出水平标高线，再按找平要求做好房间内四角塌饼，并按塌饼间距1.5m左右引出中间塌饼，并且在大开间（如地下室长度超过5m处）以及门框下口均用素浆玻璃条（伸缩缝）隔24h铺面层，铺面层首先用纯水泥浆扫浆一遍，随即铺设水泥砂浆面层（水泥砂浆的稠度以手捣成团能稍出浆为好），随铺用抹子拍实，并用括尺刮至与塌饼相平，稍收水后，用木蟹搓平（边搓边铲除塌饼），并用铁抹子进行第一遍压光，待水泥砂浆稍硬（脚踩不产生明显痕迹）时，用铁抹子第二遍压光，待面层显得干燥时（压不出铁板印即接近终凝），用铁抹子最后一遍压光，经一昼夜后进行洒水养护。

二、墙面抹灰施工

1. 准备工作

（1）保证楼层抹灰施工供水用水。由项目部统一派专人负责，正常情况下，每天供应两次，各施工作业班组预先做好基层清洗、湿润工作，随时关好阀门。

（2）抹灰原材料的质量控制：粉刷必须采用中粗砂，严禁使用细砂，粉刷用石灰膏，不得以机械淋制石灰膏代替，宁缺毋滥。

（3）所有混凝土表面采用多涂界面剂处理，防止混凝土表面粉刷层空鼓裂缝。

（4）框架柱梁与墙体之间不同材料基层连接部位，预先钉设钢丝网片，钢丝网片每边的搭接长度不小于 150mm（图 4.5.23）。

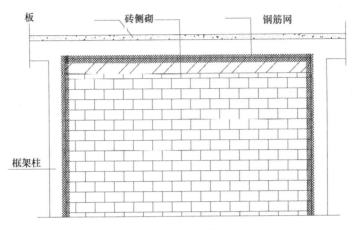

图 4.5.23　墙面构造

（5）砌体上的脚手、支模孔以及管道穿越的墙洞提前浇水湿润后用细石混凝土填嵌密实，小于 5cm 的用 1∶3 水泥砂浆填嵌，严禁用混合砂浆加碎砖块填入。

（6）安装队预埋线管在楼层粉刷前必须全部安装完毕，如有特殊情况请安装队将线槽留好，严禁内粉成型后开槽凿打，所有安装好的线管必须固定牢靠，以免粉刷后扰动开裂，开始粉刷前严格检查，凡有两根以上线管并列的，须各自分开，间距不大于 4cm。

（7）墙面灰饼厚度必须控制在 2cm 以内，如有超过，则必须得到专职质检员的同意，墙面灰饼必须拉线对方。

（8）灰饼做好后即可将线盒固定，线盒标高必须严格按照水平线、设计标高进行，误差不得大于 5mm，安装队派专人负责此项工作，线盒框面必须凸出灰饼 1～1.5m。

（9）所有砌体柱面用扫帚清扫一遍后，提前浇水充分湿润。

2. 墙面粉刷

（1）粉刷用砂浆由项目部统一拌制，配合比由专人掌握并监督执行，石灰膏不得少放。

（2）墙面括糙必须一糙到顶（即梁底）。不论任何部位，不得有砖墙明露，且括糙厚度必须控制在 8mm 以内，糙与糙之间间隔应在 5h 左右，严禁一遍到位或者二遍到位，括糙完成后须检查验收糙面是否平整细腻、阴角平直，灰面厚度须控制在 2mm 以内。

（3）所有门窗安装，门窗洞口处均须留有 3～4cm 空隙，作粘结层，底糙与面糙必须错开至少 5cm，且切割成线垂直，门窗框安装好后粉护角，再分层补粉，补粉材料不得用水泥砂浆，应用混合砂浆。

（4）每个门窗洞口上口必须保证平直、无高差、边角方正、垂直，其上口边角必须在同一高度上。

（5）特别强调阴、阳角的垂直、方正、通直，远看近看均必须为一条线。

（6）所有混凝土表面均用 1∶3 水泥砂浆括底糙、混合砂浆上面糙、1∶4 白水泥灰罩面。

（7）墙面粉刷不得有明显修补痕迹，必须做到平整、光滑、美观、颜色一致。

（8）坚决杜绝空鼓现象。

（9）墙面实测标准：立面垂直，允许偏差 2mm；平整度允许偏差 2mm；阴阳角垂直、方正，允许偏差 2mm。超标准则视为不合格墙面。

（10）各组长必须自检，自检合格通知质检员验收，验收合格后墙面盖合格章，否则视不合格墙面处理。

3. 成品保护

（1）经验收合格的墙面必须保证其墙面的整洁，不得容许在其上乱画乱刻。

（2）墙面不容许任何人擅自开槽凿打。

（3）粉刷班组长为该层次墙面成品保护监护人，每月项目部补贴 3 个点工工日，如墙面污染或破坏，则取消补贴。

4.6 质量保证体系及保证措施

4.6.1 质量管理目标及保证体系

1. 质量目标

本工程的质量目标为：一次性验收合格，确保"扬子杯"，争创"鲁班奖"。

2. 质量保证体系

本工程将以"质量第一、用户至上"为宗旨，运用先进的技术、科学的管理手段，精心组织，精心施工，积极开展群众性的 QC 质量管理活动，定期进行质量分析，强化质量检测与质量验收，将贯彻 ISO 9002 质量标准体系、建立标准工作程序贯穿施工全过程，不断完善现场质量保证体系，以优质的产品和完善的服务来回报业主。质量保证体系如图 4.6.1 所示。

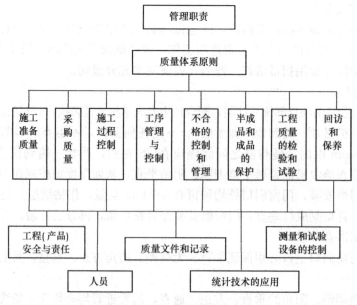

图 4.6.1 质量保证体系

4.6.2 质量管理组织及职责

1. 建立保证质量管理组织

为实现本工程"扬子杯"工程目标，建立本工程质量管理组织控制系统，是认真落实质量措施、实现质量目标的主要保证。该工程的质量管理在泰州市质量监督部门、建设单位、管理单位、监理工程师等共同指导下，以项目经理部为工程管理核心，成立专职的质量控制组织来具体实施质量管理的目标和措施。质量管理组织系统如图 4.6.2 所示。

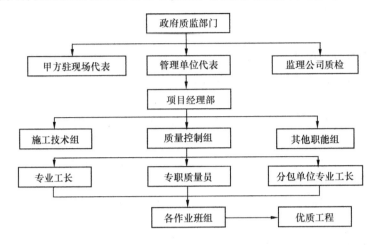

图 4.6.2　质量管理组织及职责

2. 质量管理职责

为保证实现本工程质量目标，有关质量管理措施在施工过程中不折不扣地得到落实，本公司将严格落实项目部经理及质量管理成员，明确质量管理职责和责任，并严格执行、严格要求、各司其职、各负其责。

4.6.3　质量实施计划及管理措施

1. 工程质量（分部分项）实施计划

本工程按照现行国家标准《建筑工程施工质量验收统一标准》GB 50300—2013 的要求和现行施工验收规范及省市有关文件规定评定，单位工程最终质量等级为"扬子杯"，其分部（项）质量实施计划见表 4.6.1。

工程质量实施计划　　　　　　　　　　　　　　表 4.6.1

名　称		一次交验质量目标	备　注
分部工程	地基与基础工程	优良	（1）地基与基础工程、主体工程、屋面工程必须经江阴市质量监督站核定为符合要求。 （2）主体工程必须达到优质结构
	主体结构工程	优质	
	建筑装饰装修工程	优良	
	屋面工程	优良	
	建筑电气工程	优良	
	建筑给水排水及供暖工程	优良	
	通风与空调工程	优良	
	电梯工程	优良	
质量保证资料		齐全、真实、规范、有效	
观感得分		95%以上	

2. 质量管理措施

在建立完整的技术管理系统和质量保证体系基础上，从技术方案的制定、技术交底、操作过程的检查指导，到隐蔽工程验收、质量监督和最终工程质量的验评，必须进行全过程的技术质量管理工作。结合工程特征，采取有力的质量管理措施，因此，根据本工程特点，采取如下管理措施：

（1）推行全面质量管理，建立以项目经理为领导、项目工程师中间控制、质量检查员基层检查的三级质量管理体系。形成一个横向从土建、安装、装饰到各分包项目，纵向从项目经理到生产班组的质量管理网络。

（2）建立高度灵敏的质量信息反馈系统，以试验、技术管理、质量检查部门为信息中心，搜集、传递质量信息，使决策者对异常情况迅速做出反应，并将新的指令信息传递到执行机构，及时调整施工部署，纠正质量偏差，确保优质目标的实现。

（3）做好"质量第一"的传统教育工作，强化和提高职工整体素质，定期学习规范、规程、标准、工法，制定工序间的三检制度，挤水分、上等级、达标准，消除质量通病，确保使用功能。

（4）建立分部工程创优目标，组建 QC 质量活动小组，对重要部位、关键部位、薄弱环节进行质量攻关。

（5）建立并认真实施质量奖惩制度，在施工中，质量员对整个项目各个工序的质量跟踪检查，发现问题，坚决予以制止，行使质量否决权、停工权、返工权、奖惩权。

（6）严格遵守技术交底制度，切实做到施工按规范、操作按规程、质量验收按标准。运用新工艺、新技术、新材料，提高工程质量。

4.6.4 质量保证总体措施

1. 从施工组织上确保

委派业主确认的项目经理担任该工程项目经理，组建重点工程项目部，并配足专业施工技术管理人员，建立岗位责任制和质量监督制度，明确分工职责，落实施工控制责任制。

2. 从施工力量上确保

根据本工程规模投入足够的施工力量，并且选派技术过硬的职工队伍，按照公司内部章程实行严格考核，从根本上保证劳动者的素质，为实现工程质量目标奠定坚实的基础。

3. 从施工制度上确保

进一步完善技术交底制、材料进场检验制、样板引路制、施工挂牌制、过程三检制、质量否决制、成品保护制等一系列规章制度，严格按照规范要求，狠抓关键工序管理，严格过程控制，做到上道工序不符合要求，坚决不进行下道工序施工，达不到要求的坚决整改至符合要求为止。

4. 从施工技术上确保

将技术管理组织系统与生产指挥组织系统融为一体，一个既是生产管理指挥又是技术管理的组织系统，就必然把技术管理与生产管理，技术与经济、方案、程序的制定和实施紧密结合在一起。避免了相互脱节，也防止了某些技术人员只重视技术，不重视生产和经济的片面观点。

（1）现场技术管理的主要任务、内容和方法

1）严格执行国家和地方有关施工技术标准、规范、规程和规定。

2）严格技术工作程序、实施技术管理与控制。在施工过程中，技术部严格按技术规范对现场施工实行技术指导，督促各工序遵照施工图要求施工。在工程项目开工前，将图纸、工作程序及规范发到施工科，由各施工科根据设施图绘制出施工详图报技术部。

（2）技术管理的科学化和标准化

把重复出现的管理工作制定成标准，纳入制度，使管理业务标准化，使工作流程程序化，使管理工作超前，事前有计划，工作中有协调，事后有检查。管理业务的标准化和程序化，使技术管理工作条件化、规范化，从而避免分工不清、职责不明、互相脱节、互相推诿现象的发生。同时，也由于各项工作都由各个详细的工作程序分解成了简单而重复的单一工作，使复杂的工作简单化。

5. 从物资供应上确保

根据本工程的特点，尤其是大量的钢筋混凝土工程，必须保证钢筋和混凝土的及时供应，必须供足大量的新模板及周转材料，这是确保主体优质结构的基础。

6. 从原材料质量上确保

本工程用材多，采购物资时，必须确定合格和信誉好的供应商厂家，所采购的材料或设备必须有出厂合格证、材质证明和使用证明书，对材料、设备有疑问的禁止进货，在保证原材料质量的基础上，方可保证工程质量。

7. 从经济措施上确保

保证资金正常运作，确保施工资金专款专用。

8. 从履约合同上确保

全面履行工程承包合同，自我加大合同执行力度，认真执行建筑法规，积极向业主负责，主动接受建设监理的监督，提高工程质量。

9. 从计量上确保

计量管理是质量控制的根本，严格按照《江苏省建筑施工企业计量检测与计量配备规范》的规定，加强计量器具管理，做到称量准确，把关严格，以此提高工程质量。

10. 从科技攻关上提高质量

充分发挥科技实力，增加投入，积极调动广大员工的质量攻关热情，提高工程质量，以及新技术、新材料、新工艺的应用。

4.6.5　施工过程质量的控制措施

1. 施工过程中，原材料的控制措施：质量控制必须从原材料进行质量控制，不合格材料不得使用。

（1）严格选择材料厂商，当进场材料质量出现不合格时，要求供应厂商予以调换或退货，如材料质量出现严重不合格，将考虑取消该厂商的供货资格。

（2）进场材料严格管理，防止材料出现后天性的不合格，任何材料进场时要检验，搁置一段时间后再使用也要重新检验。

2. 技术人员、施工队伍人员素质控制

（1）管理人员须持证上岗，项目和质量安全员，必须有相应的资质证书。

（2）进场工人实行"考核竞岗，优胜劣汰"制。

（3）严格保持工人班组的稳定性和整体技术素质，不允许进场班组人员任意更换、调整或无限度膨胀。在班组的使用上充分发挥班组的特长，做到人尽其才。

（4）加强对管理人员的考核，如管理人员在管理或技术上出现重大失误，造成重大质量事故，则该管理人员解聘下岗。

3. 施工过程施工操作的控制措施，防止不合格工序产生，杜绝不合格工序流入下一过程，是施工过程操作质量控制的重要环节。

（1）在施工过程中，质检员必须全过程跟踪检查，及时发现问题，及时纠正、制止，力争在质量事故处于萌芽状态时，便能发现并有效预防。

（2）实行质量一票否决权制，只要经质检员检查出有质量问题，一律返工，并且一切后果由施工人员自负，并扣罚材料费，所对应的专业工长予以 50～100 元/人次的罚款。

（3）实行样板制，在大面积施工同一种材料时，应先做样板，请监理、业主、设计师和质量监督站认可后，方可进行大面积施工，若有一方不认可，则必须重新做样板直至认可为止。

（4）实行质量检查制度，实行定期不定期组织质量检查，开展"比、学、赶、超"创优活动，对所检查项目的工程质量进行评比打分，每次对得分最高和得分最低的进行奖罚。

（5）实行对项目随机抽查，若对施工质量有所怀疑并经查实，应立即就质量事故大小，当场对责任人罚款 30～200 元，对任何人从不宽容，若整改不及时或对质量意识不够，屡教不改者可解聘下岗。

（6）高度重视质量工作，树立"质量就是企业的生命"的思想，增强质量意识，严格按照施工图、操作规程及质量检评标准组织施工。

（7）加强岗位责任制，贯彻"谁管质量、谁施工""谁施工、谁负责""谁操作、谁保证质量"的原则，严格实行工程质量与经济责任挂钩，用经济手段确保质量岗位责任制的实施。

（8）严格质量评定制度，认真做好自检、互检、交接检的三检制度，上道工序由班组长、工长和质检员验收合格后，方可进行下道工序作业。

（9）认真实施技术责任制，严格按照施工规范进行施工，落实技术责任到各工长，认真贯彻施工组织及特殊技术措施。

（10）充分发挥各管理人员的职能作用，责任落实到人，经济利益挂钩，奖罚分明，做到人人有压力、有动力，使工程质量达到省优质标准。

4.6.6　分部分项工程质量保证措施

工程如达到基础、主体优质，装饰优质，安装优质，本工程就能达到整体质量优质的目的。因此，本工程分部、分项技术质量控制措施十分重要。

1. 测量工程质量保证措施

（1）测量定位所有的经纬仪、水准仪、全站仪等测量仪器及工艺控制质量检测设备必须经过鉴定合格，在使用的周检期内的计量器具按二级计算标准进行计量检测控制。

（2）测量基准点严格进行保护，避免毁坏。施工期间，定期复核基准点是否发生位移。

（3）总标高控制点的引测，采用闭合测量方法，确保引测结果的精度。

（4）所有测量观察点的埋设必须采用闭合测量方法，确保引测结果精度。

（5）轴线控制点以及总标高控制点，必须经监理书面认可方可使用。

（6）所有测量结果，应及时汇兑，并向有关部门提供。

（7）测量人员应由经过专业培训、具有丰富的测量经验和高度责任心的同志担任。

2. 混凝土工程质量保证措施

（1）在商品混凝土浇捣过程中加强商品混凝土质量的监控。

（2）加强对坍落度及试块抽检管理，在现场设立标准养护室，并做好试块的及时送检，确保混凝土软件资料准确、及时。现场混凝土浇捣，必须严格监控混凝土振捣质量及混凝土的收头质量，确保混凝土结构的施工质量。

（3）平台板混凝土浇捣时，必须连续一次浇捣完成，不得随意在中间停留而留置施工缝，并按气候条件及时采取恰当的养护措施，确保施工质量；施工现场必须加强材料和机具等方面的组织协调工作，并准备好应急补充措施，确保混凝土正常连续供应。

（4）柱封模前必须清理干净模板内的杂物、焊渣、浮灰等，并经质监人员和现场监理的检查和认可。在混凝土浇捣前要用自来水冲洗干净并排清积水，才可以进入下道工序。

（5）浇捣框架柱混凝土前，用水湿润模板，在浇捣时，必须正确掌握柱内混凝土的布料厚度，每层厚度不得超过 500mm 厚，必须进行分层振实，同时密切注意柱内混凝土密实度，严防漏振，以防柱脚、柱角漏振。

（6）在浇捣时，必须严格控制好平台混凝土面标高及平台板厚度，根据控制标记，由收头的人员用 2m 长括尺按控制标志括拍平整，并视混凝土的干硬速度情况，用细木蟹打磨两遍，确保平台板混凝土的收头质量，最后视季节气候条件，及时做好养护工作。

（7）结构楼层施工阶段，经历雨、夏季，因此结构混凝土浇捣时，必须随时掌握天气的变化趋势和气象预报，准备好足够的防雨降温材料。

（8）土建施工与安装施工协调至关重要，特别是留孔，埋管等必须在施工前综合协调，避免事后开凿，影响工程总体质量。

3. 钢筋工程质量保证措施

（1）钢筋由钢筋翻样按设计图提出配料清单，同时应满足设计对接头形式及错开的要求。搭接长度、弯钩等符合设计及施工规范的规定，品种、规格若要代替时，应征得设计单位同意，并办妥手续。

（2）所用钢筋具有出厂质量证明，对各钢厂的材料均应进行抽样检查，并附有抽样报告，不得未经试验盲目使用。

（3）绑扎钢筋前应由钢筋翻样向班组进行交底，内容包括绑扎顺序、规格、间距、位置、保护层、搭接长度与接头错开的位置，以及变钩形式等要求。

（4）为了有效地控制钢筋位置的正确性，在钢筋绑扎前必须进行弹线。

（5）注意满足混凝土浇捣时的保护层要求。混凝土保护层垫块设置的间距宜控制在每平方米 1 块。

（6）弯曲不直的钢筋应校正后方可使用，但不得采用预热法校直，沾染油渍和污泥的钢筋必须清洗干净方可使用。

（7）加强施工工序质量管理，在钢筋绑扎过程中，除班组做好自检外，看工、技监、技术应随时检查质量，发现问题及时纠正。为防止返工，钢筋可采取按工序分阶段验收，未经隐蔽工程验收合格，不得进行下道工序施工。

（8）在钢筋绑扎过程中，如发现钢筋与埋件或其他设施相碰时，应会同有关人员研究处理，不得任意弯、割。

（9）为了保证混凝土浇灌时顺利下料和振捣，钢筋在绑扎过程中必须注意钢筋的排列布置。钢筋布置应尽量预留出下料串管的间隙大于15cm，若不能按设计要求排列时，应会同技术部门协商统一并经设计认可。

4．模板工程质量保证措施

（1）模板在每一次使用前，均应全面检查模板表面PVC模的光洁度，不允许有残存的混凝土浆或破坏、脱胶现象。

（2）模板的拼缝有明显的缝隙者，必须采用油腻子批嵌。拆除模板必须得到有关技术人员的认可后，方可进行拆模。

（3）模板在校正或拆除时，绝对不允许用棒撬或用大锤敲打，不允许在模板面上留下铲毛或锤击痕迹。

（4）加工的钢模须事先在地面进行预拼装，校核平面尺寸、角度、垂直度及平整度，检查模板间连接节点、吊环等，如达不到质量标准，必须整修合格后方能使用。

5．对木模本身的质量应认真检查：

（1）钢围檩挠曲不直者不得使用；

（2）木模表面有脱皮、中板有变质者不得使用；

（3）木围檩及木搁栅挠曲不直和有变质者不得使用。

6．砌筑工程质量保证措施

（1）所用砌块、砖的品种、规格、强度等级应符合设计要求。砌块、砖块必须有出厂合格证，复试合格后方可使用。水泥必须有出厂合格证且复试合格后方可使用。

（2）砌筑时按试验室提供的砂浆配合比配料，石灰膏熟化期应有15d以上，现场严格计量，随机制作砂浆试块。

（3）砌筑前应隔夜将砖浇水湿润，在高温季节或空气干燥时，在砌筑前喷水湿润即可。不得使用湿的砌块，以免砌筑时原浆流失、砌体滑移，砌块一般不宜浇水，严禁使用隔夜或已凝结的砂浆。

（4）砌筑砖墙应在基础表面或楼面上，用黑线弹出，墙身控制线、轴线、门窗洞口位置线，必须用钢卷尺校核放线尺寸，同时按设计标高用水准仪对各外墙转角处和纵横交接处进行抄平。

（5）砌筑时必须立皮数杆，挂线砌筑，砖砌体应上下错缝、内外搭砌，不准出现通缝，以保证砌体整体性及稳定性。

（6）砌体应横平竖直、表面清洁，砌筑时转角处和交接处应同时砌筑，如确有少量内墙不能同时砌筑时，应留斜槎，且须按规定加设拉结筋。

（7）在每层的每块墙身上，均用水准仪引测标高，用木斗弹引500mm高水准线，以控制各层标高，设计规定的洞口、沟槽、管道和预埋件等，应于砌筑时预留或预埋，砌块墙体不得打凿通长沟槽。

（8）填充墙砌筑时不得一次到顶，间隔一周后补塞顶部斜砖（呈 45°），填充墙超长超高时按照规范规定设置构造柱与圈梁。

7. 装饰工程质量保证措施

（1）楼层标高控制措施。利用结构施工的楼层标高传递点，复核整个楼面标高及与楼梯口、电梯口接口情况，采用水准仪在墙、柱上弹出 50 线控制饰面标高。

（2）楼层内大角方正控制措施。以电梯厅、走道中线为控制线，该控制线以结构基准点为准，采用经纬仪和计量校核过的 50m 钢尺进行施放。

（3）石材、面砖表面平整度控制措施。采用 M5 水泥砂浆制作地面标高或墙面面层控制基准点。石材、面砖铺设以踢脚线上第一线或是控制线边第一排块材为基准块，施工后经总包质检员复验，确保合格后再大面积施工。大面铺设中，采用 2m 靠尺依基准逐块检查以满足平整度偏差要求。

（4）湿贴石材、面砖空鼓、开裂控制措施。基层清洁后，均先淋一道素水泥浆，地面铺 1∶3 干硬性水泥砂浆，铺平、均匀后将块材放于砂浆上试铺，然后翻开石材或地砖再淋一层素水泥浆，最后正式进行地面块材铺设。墙面石材灌浆要随灌随敲，面砖依基准行在面砖上满刮水泥砂浆铺设。

（5）石材拼缝、套方及表面质量控制措施。依次设置基准行，石材边线局部凸出处采用打磨机磨平，密缝拼装。进行四方对缝、套方检查，选色泽、花纹基本一致的板块安装于同一面墙。

（6）装饰线条质量控制措施。阴阳角、接头均在地面进行试拼后再安装。调色腻子色泽要与线条一致，随刮随进行修整。

（7）石膏板吊顶面层质量控制措施。调整吊杆螺栓，确保起拱高度及吊顶标高正确，按工艺进行板缝处理。

（8）块板开孔质量控制措施。均采用专用机械、机具，画线在工作间开设，石材孔开好后进行手工打磨。木制品上开孔后进行人工修整、打砂纸等工艺。

（9）装饰门安装质量控制措施。螺栓采用人工拧入预埋木砖内，严禁用手锤直接打入，门扇、门套上开孔方正、修边到位。与挡门条拼缝严实。

（10）油漆、涂料质量控制措施。首先进行作业环境的清洁工作，严格按照规定的工艺遍数施工。涂料施工中加设灯光照射，消除施工中的流坠、刷纹、透底等质量通病。

（11）木制品防火措施。木制品基层上均刷一层特制防火涂料，以满足消防要求。

8. 门窗工程质量保证措施

（1）所有成品、门窗进场，必须有合格证或其他质量资料，严格按样品进行验收。

（2）现场制作的门窗严格按设计图集制作，避免削减框扇断面尺寸，保证棱角整齐，方整光滑，确保四角加皮垫组合，防水埂应达到七级风压水不进室内。

（3）门窗框与墙体间隙要填塞饱满、均匀，打胶饱满，做到不渗水、不空鼓。

（4）门窗扇安装必须开启灵活、稳定，无回弹或翘角，同时做好表面保护。

（5）各项误差必须控制在允许范围以内，开关灵活，关闭严密，间隙均匀。

（6）做到窗扇防坠落、缓冲隔震垫块到位，所有配件均达到设计要求，结构胶保证 30 年不老化。

9. 屋面工程质量保证措施

（1）屋面防水层的基层应做到平整、不起壳、不开裂，天沟部位按设计和规范要求增设附加层，按规定做好泛水，保证不积水，女儿墙等部位采用凹型泛水。卷材收头采用槽铝保护，并用密封胶严密封堵，冒出屋面的根部四周做成馒头形，并加设附加层。

（2）屋面找平层、保温层，按规范要求设分仓缝，高标准做好排气槽和排气孔。

（3）防水卷材施工前，检测基层含水率不大于9%，操作时严格遵守操作规程。在女儿墙四周用不锈钢压缝条处理防水材料的收头，做到牢固、美观。

（4）防水层必须有专业防水队施工，操作人员的持证上岗率达100%，严格按制定的防水渗漏技术措施实施，加强监督检查和施工过程中的控制。

（5）屋面保温层施工时，专人收听天气预报，特别注意防止雨水侵蚀，并备足防雨材料，做到屋面排水管道畅通，同时施工时轮班作业，分秒必争，杜绝保温层因遭受雨水侵蚀，在日后高温后蒸发而引起屋面起鼓等质量问题的发生。

10. 安装工程质量保证措施

（1）在组织施工和质量检验中应严格执行现行国家有关规范和行业标准。

（2）现场建立安装质量保证体系。执行线上所有施工人员的主要任务是根据规范、标准、施工组织设计和施工方案的要求去组织施工，保证和提高各道工序的安装质量，以工序质量来保证工程质量。施工人员还需结合施工实际情况，针对容易产生质量问题的某些工序，找出原因，采取预防措施，在施工中分工序加以控制，起到事先预防的作用。监督线上质检人员的主要任务是以质量标准为依据，对材料、配件、加工件、设备、各施工工序，实施过程中需要采取一些切实措施，做到四个统一，即统一检验标准、统一检测方法、统一检验内容、统一检验工具。施工过程中当监督线和执行线两者意见不一致时，应以监督线意见为底，行使质量否决权，直至整改符合要求为止。实践表明，现场建立这样的质量保证体系开展工作，不但可以大大提高施工人员的意识，重视质量控制，还可以增强质检人员的责任感，严格把好检验签证关。

（3）重视并做好各层次的施工前技术交底工作，要求质检人员参加，事后做好施工技术交底记录表，作为施工文件归入工程档案。对施工人员切实做好技术交底，真正做到心中有底。

（4）建立对使用材料的检查验收签证制度，严格控制使用材料质量。材料的合格证或质保书归入交工资料，不合格的材料或三无产品均不得混入使用。

（5）抓好各项隐蔽工程的调试工作的验收，做到不漏项，杜绝质量隐患。

（6）加强施工质量记录的管理，记录应及时，内容应真实，做到施工质量记录资料的同步性和正确性。

（7）工程质量实行自检、互检和专检相结合。安装的设备在检查后都需要实测数据和签证手续，每项设备交工验收都必须有完整的质量资料，包括各项工序测量记录、隐藏工程验收记录、试运转记录和质量评定等资料。工程交工验收必须具有各个单位和分部工程完整的质量资料。

4.6.7　常见质量通病的预防措施

根据本工程施工特征，防止质量通病主要有以下几方面：

1. 地下室外墙裂缝防止措施

（1）设计方面

1）在配筋率不变的条件下，应优先选用直径较小的钢筋，纵横间距缩小，宜控制在12～15cm以内。

2）作为结构自防水，拌制补偿收缩混凝土时，采用合适的减水剂及膨胀剂。

（2）材料方面

1）应先选用水化热低的水泥。

2）泵送剂和膨胀剂应选用优质高效、经住房和城乡建设部认证并发有证书的产品，按照各地质检站试配的配合比资料，严格控制质量。

3）所有原材料必须是合格材料。

（3）施工方面

1）做好计量控制，按配合比进行称量，偏差必须控制在允许范围之内；坍落度控制在12～16cm，搅拌一要均匀、二要保证搅拌时间，控制在90s以上。

2）控制好混凝土浇筑的均匀性和密实性，泵送混凝土一定要连续浇筑，顺序推进，不得产生冷缝。

3）做好养护工作，使混凝土处在有利于硬化及强度增长的湿润环境中，使硬化后的混凝土强度满足设计要求。

2. 外墙防渗漏措施

根据本工程外立面装饰要求，其防渗漏将从以下几方面考虑：

（1）砌体施工时，外墙砌筑砂浆必须饱满，不得有透光头缝不实现象。

（2）对填充墙与框架柱、梁接缝处，铺钉钢板网，同时进行二次嵌缝密实。

（3）所有脚手洞眼必须做隐蔽验收，在抹灰前必须做冲水试验，确保无渗漏现象。

3. 水泥砂浆楼地面空鼓、裂缝、起砂的预防措施

（1）水泥砂浆面层铺设前，必须对基层的垃圾、浮灰及污染物清理干净，过于光滑的基层还应凿毛处理。同时基层还应提前一天进行浇水湿润，并认真涂刷水泥浆结合层。

（2）严格控制水泥砂浆的原材料水泥、黄砂等质量，并严格控制用水量，砂浆稠度不大于3.5cm，表面压光时，时间严格控制在初凝到终凝之间，不宜撒干水泥收水压光，如特殊情况，可适量撒一些干水泥砂浆拌合料，并撒得均匀，等吸水后，先用木抹子均匀搓打一遍，再用铁抹子压光，终凝后，立即进行覆盖保湿保护。

4. 卫生间防渗措施

（1）各班组在施工前，分管质量员首先应对各班组工人召开技术交底会当面交底，重申本工程防水的特殊性和重要性。没有接受交底的一律不准施工。接受交底的班组和工人在交底单上签字。

（2）各班组在施工前，分管质量员应将施工部位安装上的管线进行验收，检查是否预埋好，经检查无误后方可施工。

（3）各班组首先把各自所做部位要彻底打扫干净，清理干净后，墙的根部要浇水湿润，派专人用1∶2.5防水水泥砂浆打圆弧，其高宽为8～10cm，抽圆压光。

（4）穿越楼面的上下水管道、地漏口等四周的封堵应在安装施工验收完毕后进行。管道四周封堵工作由瓦工、木工、混凝土工、水工组成的专门小组进行，指定混凝土工担任组长，小组人员必须保持稳定，无特殊原因不得随便调换。

（5）封堵前应将管道四周的混凝土用铁凿进行修理，保证每个管道四周与混凝土之间至少有 5cm 的空隙，木工吊模后浇水湿润至少有 3h 后再分两次浇捣细石混凝土，细石混凝土浇筑好 12h 后用石灰膏将封堵管道四周 30cm 范围内围起水坝，蓄水 24h 试水，如不渗不漏，则将石灰膏水坝移至门口处，对整个卫生间进行 24h 的蓄水试验，经检查卫生间的天棚、管道四周、墙根处不渗不漏，即可开始对卫生间的墙面和楼地面进行施工。如有渗漏，则返工重做，直至不渗不漏为止。

（6）地面的找平层和墙面的括糙层均采用 1：3 防水砂浆，地面完成后的标高要比其他的一般地坪低 1.5～2cm，并要做到泛水畅通，无倒泛水和积水现象，如发现有此现象一律返工。

5. 屋面防渗、防漏措施

（1）参加屋面防水施工的班组首先要对屋面进行全面、彻底清理，把多余的钢筋头、钢管用氧气予以割除，派专人把屋面不平处、钢管洞、钢筋头洞用水泥砂浆补平压光，穿越屋面的各种管道四周用细石混凝土封堵，其封堵和蓄水方法有：

1）穿越楼面的上下水管道、地漏口等四周的封堵应在安装施工验收完毕后进行。管道四周封堵的工作由瓦工、木工、混凝土工、水工组成的专门小组进行，指定混凝土工担任组长，小组人员必须保持稳定，无特殊原因不得随便调换。

2）封堵前应将管道四周的混凝土用铁凿进行修理，保证每个管道四周与混凝土之间至少有 5cm 的空隙，木工吊模后浇水湿润至少 3h 后再分两次浇捣细石混凝土，细石混凝土浇筑好 12h 后用石灰膏将封管四周 30cm 范围内围起水坝，蓄水 24h 试水，如有渗漏，则返工重做，直至不渗不漏为止。

（2）屋面防水层的施工除按设计要求施工外，还应按如下办法施工：对原屋面结构层用 20mm 厚的 1：3 防水砂浆找平压光，水泥砂浆找平层要按每 3m 做好分格缝。

（3）整个屋面防水层完成后即可对整个屋面进行冲水试验，如不渗不漏方可进行面层施工。

4.6.8 确保质量目标实现的奖惩措施

1. 项目部主要管理人员与公司签订实现本工程质量目标——省优的目标责任奖，并交纳质量保证金，如达到省优则奖励，项目部退还风险抵押金，反之则处罚项目部，风险抵押金亦不退还。

2. 进入本工程施工的班组及甲方指定的专业分包单位必须与项目部签订质量责任状，并交纳质量保证金，如班组或专业分包单位的质量达不到要求，除及时修正外，每次处以一定数额的罚款，第二次予以双倍处罚，直至停工。反之给予等额奖励。

3. 现场的施工人员必须无条件服从项目部的质量要求，执行公司的质量奖惩条例。

（1）墙面粉刷时，实测允许偏差比标准提高一个档次，垂直度、平直度均为 ±1mm，实测点如超过 ±2mm 必须返工重新粉刷。每个工人的实测合格率在 90%～95% 之间不奖不罚，超过 95% 奖 50～100 元/人，低于 90% 的工人除修补外，另处罚 50～100 元/人。

（2）对影响质量的人、机、料、法、环的因素必须严格按质量手册、程序文件、作业指导书等展开质量管理，若违反将对责任者处以 100～1000 元的罚款，直至修正（表 4.6.2～表 4.6.4）。

主体工程质量奖罚条例　　　　　　　　　　　　　　　　表 4.6.2

序号	质量通病项目名称	处罚额
1	钢筋偏位	50 元/根
2	漏扎钢筋	100 元/根
3	钢筋绑扎后妨碍木工支模	50 元/处
4	钢筋间距超过设计要求	20 元/处
5	保护层垫块漏放	20 元/处
6	任意割断构造柱筋	200 元/根
7	混凝土浇筑后钢筋表面未清理	5 元/根
8	未经同意采取措施进行修补	100 元/处
9	混凝土浇筑平整度合格率 90% 以上	100 元/次
10	混凝土浇捣出现蜂窝	50 元/处
11	混凝土浇捣出现露筋	100 元/根
12	混凝土浇捣出现空洞	500～1000 元/处
13	砌体拉接筋漏放	50 元/根
14	漏放木砖或混凝土块	20 元/块
15	楼面浇捣不实有浮混凝土	50 元/处
16	拆模棱角损坏	20 元/处
17	门洞侧边阳角或阴阳漏浆	10 元/处
18	混凝土浇捣后墙面实测点低于 90%	20 元/处
19	目测一处不合格	50 元/处
20	模板有洞或跑模严重造成混凝土流失严重	50～500 元/处
21	模板不刷油或刷油粘在钢筋上	50 元/处
22	预留洞、预埋件漏放或偏差超要求	20 元/处
23	平台下降	200～500 元/处
24	漏放预留筋	20 元/根
25	木屑、杂物掉入模内	30 元/根
26	未经同意拆除支撑杆	50 元/根
27	如施工班组不出现以上情况，则奖励 100～500 元/层	

装饰工程质量奖罚条例　　　　　　　　　　　　　　　　表 4.6.3

序号	质量通病项目名称	处罚额
1	墙面粉刷空鼓（按接触面大小）	20～100 元/处
2	面砖空鼓	10～20 元/处
3	阴阳角不方正、不顺直	50 元/处
4	粉刷及贴面实测少于 90%	50～200 元/验收间
5	成品污染或损坏	50～200 元/处
6	观感、手感不满足交底要求	50～200 元/处
7	如施工班组不出现以上情况，则奖励 50～500 元/层	

设备安装工程质量奖罚条例　　　　　　　　　　表 4.6.4

序号	质量通病项目名称	处罚额
1	电管预埋时漏放或放错	100 元/处
2	预留孔洞位置不准或放错	100 元/处
3	电管管口毛刺清理不干净	20 元/处
4	电管接地跨接搭接长度不能满足规范要求	50 元/处
5	支架制作时用氧气割孔	80 元/处
6	镀锌管丝接时管内有毛刺或麻丝	20 元/处
7	如施工班组不出现以上情况，则奖励 50～500 元/层	

4.6.9　成品保护措施

1. 主体工程施工阶段

（1）在存放吊运成型的钢筋过程中，应加以保护，防止变形，且堆放整齐，防止锈蚀和人为踩踏。绑好的现浇楼板钢筋、楼梯，浇筑混凝土前用马凳支撑，混凝土不直接卸在平台模板上，而卸在预先搭好的脚手板上，用锹下料。

（2）模板工程要严把定位、定点作业关，并逐层调整检查，严禁从高空向下投掷。不得碰撞、冲击组装好的模板。

（3）土建施工人员在施工过程中对安装预留（埋）的管线、孔洞应加以保护，严禁人为地堵、埋等行为发生。

（4）新砌筑的墙体，严禁碰撞、冲击，防止墙体倾斜。

2. 装饰工程施工阶段

（1）成立了装饰项目成品保护队，沿楼层巡视，纠正、处罚一切违章行为。

（2）地面石材采用 4mm 厚胶皮满铺进行保护，楼梯栏杆、扶手缠 2 道编织布进行保护；楼梯踏步砖面上钉铺 20mm 厚木板条保护；完成装饰的独立柱下面 2m 采用包塑料布后再加钉纤维板的方法进行保护等。

（3）凡装完地板或进行清漆油漆面施工的房间，均进行锁门保护，专人掌管钥匙。

（4）各种上人梯下脚均包 5mm 厚胶皮方准进入已完成地面装饰的房间。

（5）消防试水打压检验时，对喷头周围物品采用塑料布进行保护。

（6）凡在已施工完地面的房间内进行顶棚、墙面油漆施工，地面先垫一层纸，然后上面再铺一层纺织布进行保护，同时油漆、涂料的配制固定于一间房间内，确保地面不污染。

3. 工程收尾阶段

各楼层设专人负责看护、成品保护和负责窗扇开关、清理打扫，对即将完成或已完成的房间应及时关闭，专人负责掌管钥匙。班组交接，要对成品情况及时登记，如有损坏，追查责任。

4.7　季节性施工措施

4.7.1　冬期施工措施

（1）冬期施工前认真组织有关人员分析冬期施工生产计划，根据冬期施工项目编制冬期施工措施，所需材料、设备要在冬期施工前准备好。

（2）编制冬期施工方案及有关分部分项工程冬期施工措施，组织相关人员进行一次全面检查，做好砌体、混凝土装修等保温防冻工作。

（3）做好各种机械设备施工所需的油料的储备和工程机械润滑油的更换补充以及其他检修保养工作，以便在冬施期间运转正常。

（4）冬期施工要加强天气预报工作，防止寒流突然袭击，合理安排工作，同时加强防寒、保温、防火、防煤气中毒等项工作。

4.7.2　雨期施工措施

雨期施工前认真组织有关人员分析雨期施工生产计划，根据雨期施工项目编制雨期施工措施，所需材料要在雨期施工前准备好，成立防汛领导小组，制定防汛计划和紧急预防措施。夜间设专职值班人员，保证昼夜有人值班并做好值班记录，同时要设置预报员，负责接收天气预报。

组织相关人员进行一次全面检查，检查施工现场的准备工作，包括临时设施、临电、机械设备防雨、防护等项工作，检查施工现场及生产生活基地的排水设施，疏通各种排水渠道，清理排水口，保证雨天排水畅通。在雨期到来前，作为高耸塔吊和脚手架的防雷装置，安全部门要对避雷装置做一次全面检查，确保防雷安全，并对主要分项工程采取以下措施：

1. 钢筋工程

（1）现场钢筋堆放应垫高，以防钢筋泡水锈蚀，有条件的应将钢筋架空堆放。

（2）雨后钢筋视情况进行除锈处理，不得将锈蚀严重的钢筋用于结构上。

（3）下雨天避免钢筋焊接施工，以免影响施工质量。

2. 模板工程

（1）雨天使用的竹塑模板拆下后应放平，以免变形，大雨过后应重新涂刷脱模剂。

（2）模板支设后应尽快浇筑混凝土，防止模板遇雨变形，若模板安装后不能及时浇筑混凝土，又被雨水淋过，则浇筑混凝土前应重新检查，加固模板和支撑。

（3）大块模板落地支设时，地面应坚实，并支撑牢固。

3. 混凝土工程

（1）混凝土施工应尽量避免在雨天进行，大雨和暴雨天不得浇筑混凝土，若特殊情况下浇筑混凝土，或浇筑不得中断时，应采取措施，所浇筑混凝土应立即覆盖，以防雨水冲刷。

（2）可根据实际情况调整坍落度。

4. 脚手架工程

（1）雨期前对所有脚手架进行全面检查，脚手架立直底座必须牢固有效，不得遗漏扫地杆，多排外架必须认真检查连墙杆是否牢固并满足规范要求。

（2）外架基础应随时观察，如有下陷或变形，应立即处理。

（3）脚手架应设置接地防雷系统，确保施工安全。

5. 屋面工程

（1）保温层的铺设必须避开雨天，并及时做找平层和防水层，以免保温层含水过多，影响保温隔热效果，如做防水前遇雨，应将保温层或找平层覆盖，雨后继续施工时，必须对保温层进行取样测含水率，含水率低于9%方可施工。

（2）防水层遇有下雨天气时，应用塑料薄膜盖牢，不得使已做好的防水层遭到冲刷。

6. 基础工程

本工程基础工程施工回填必须保证土质质量，并做好排水措施，避免雨水浸泡。

7. 管道、电气

（1）预留孔洞做好防雨措施，现场外露的管道应用塑料布或其他防雨材料盖好，特别是钢管更应加强保护。

（2）直埋电缆敷设完毕后，应立即铺砂、盖砖及回填夯实，防止下雨时，雨水流入沟槽内。

（3）敷设于地下室等潮湿场所的电线管盒、管口、管子连接处应做密封处理。

4.7.3 夏季施工措施

夏天施工重点考虑高温施工。

（1）执行泰州市建设主管部门及公司所颁发的有关夏季施工技术措施和要求。

（2）调整作息时间，避开酷热高峰时间段。

（3）注意操作环境，搭设安全通道、休息凉棚，做好防暑降温措施，并集中设置茶水桶，宿舍安装电扇降温。

（4）尽可能地将工作面或施工流水节拍与日照方向避开，合理布置。

（5）混凝土内应合理掺用缓凝剂以延长混凝土的凝结时间，混凝土浇好后应及时派专人进行浇水养护。楼板混凝土浇捣时，应派足收头人员，避免收头不及时而出现收头裂缝及表面不平整等质量通病。

（6）对初凝较快的水泥应通过试验测定水泥的硬化过程，加入外掺剂调节混凝土初凝时间，以适宜的施工参数来满足施工操作质量要求。

（7）砖墙砌筑时，应视气候条件情况，做好隔夜浇水湿润，砂浆应当天拌制及时使用，以保证粘结力，确保砌体的施工质量。

（8）已完成的砖砌体和混凝土结构应加强浇水养护，必要时用湿草包覆盖，防止暴晒。

（9）夏季施工作业时，作业班组宜轮班作业或尽量避开烈日当空酷暑的条件下进行施工，宜安排早晚或晚间气候条件较适宜的情况下施工。

4.7.4 台风天气安全施工措施

（1）台风到来之前进行全面检查，及时收听天气预报，加强台风天气时的信息反馈工作，并及时做好防范措施。

（2）对堆放的材料进行全面清理，在堆放整齐的同时必须有可靠的固定，防止台风将材料吹散及砸伤人。

（3）对塔式起重机等大型机械要仔细检查，按操作规程处置。

（4）台风到来时各机械停止操作，人员停止施工。

（5）台风过后对各机械和安全设施进行全面检查，确无安全隐患时方可恢复施工作业。

附录 A 蚌埠天湖置业天湖国际 A 地块 混凝土裂缝调查

工程名称：蚌埠天湖置业天湖国际 A 地块
工程地点：蚌埠市东海大道与环湖西路交叉口
设计单位：厦门合道工程设计集团有限公司
施工单位：南通四建集团有限公司

调查日期：2015 年 6 月 3 日

A1 号楼混凝土裂缝调查表 表 A.1

建造时间		2013 年 6 月 20 日	建筑面积		结构类型	框架-剪力墙	混凝土设计标号	
裂缝参数		裂缝部位	裂缝数	裂缝宽度		裂缝长度		裂缝深度
基础	墙面	A1 号楼地下车库外板墙（混凝土 C35）	3	0.1mm		700mm		5mm
	地面							
	柱							
	梁							
主体	墙面							
	楼面	A1 号楼设备层楼面（混凝土 C35）	4	0.1mm		30mm		2mm
	柱							
	梁	A1 号楼设备层 KL 跨中（混凝土 C45）	4	0.05mm		50mm		3mm
屋面								

调查人：曹永华
填表人：钱峰

说明：1. 裂缝部位注明层次、跨中、边缘等特性。
　　　2. 裂缝数是指该层次的所有裂缝总数。
　　　3. 裂缝宽度分 0.01～0.1mm、0.1～0.2mm、0.2mm 以上三种。
　　　4. 裂缝长度为每种宽度大的裂缝的长度。
　　　5. 各裂缝要附照片，拍照片前，需要贴上部位的名称（图 A.1～图 A.12）。
　　　6. 提供相关的建筑和结构设计图纸的电子版。

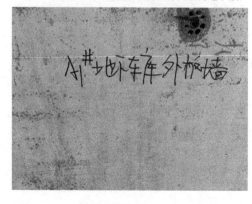

图 A.1

图 A.2

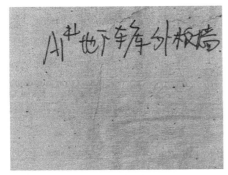

图 A.3

图 A.4

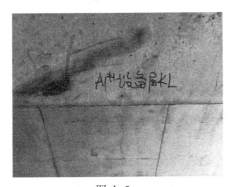

图 A.5

图 A.6

图 A.7

图 A.8

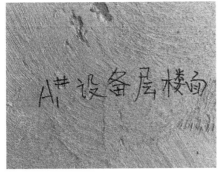

图 A.9

图 A.10

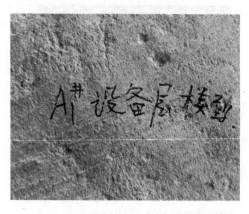

图 A.11

图 A.12

工程名称：蚌埠天湖置业天湖国际 A 地块　　　调查日期：2015 年 6 月 3 日
工程地点：蚌埠市东海大道与环湖西路交叉口　设计单位：厦门合道工程设计集团有限公司
施工单位：南通四建集团有限公司

A2 号楼混凝土裂缝调查表 　　　　　　　　表 A.2

建造时间		2013 年 6 月 20 日	建筑面积		结构类型	框架-剪力墙	混凝土设计标号	
裂缝参数		裂缝部位	裂缝数	裂缝宽度		裂缝长度		裂缝深度
基础	墙面	A2 号楼地下车库外板墙 （混凝土 C35）	2	0.1mm		600mm		4mm
	地面							
	柱							
	梁							
主体	墙面							
	楼面	A2 号楼九层楼面 （混凝土 C30）	4	0.1mm		400mm		3mm
	柱							
	梁	A2 号楼九层 KL 跨中 （混凝土 C30）	3	0.1mm		40mm		2mm
屋面								

调查人：陶华　　　　　　　　　　　　　　　　　　　　　　　　　填表人：葛明华

说明：1. 裂缝部位注明层次、跨中、边缘等特性。

　　　2. 裂缝数是指该层次的所有裂缝总数。

　　　3. 裂缝宽度分 0.01～0.1mm、0.1～0.2mm、0.2mm 以上三种。

　　　4. 裂缝长度为每种宽度大的裂缝的长度。

　　　5. 各裂缝要附照片，拍照片前，需要贴上部位的名称（图 A.13～图 A.20）。

　　　6. 提供相关的建筑和结构设计图纸的电子版。

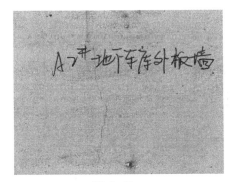

图 A. 13

图 A. 14

图 A. 15

图 A. 16

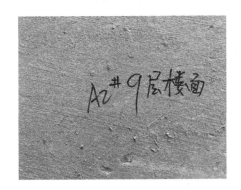

图 A. 17

图 A. 18

图 A. 19

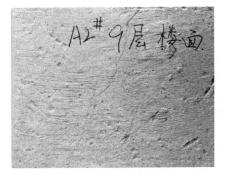

图 A. 20

附录B 河海大学江宁校区5号留学生楼混凝土裂缝调查

工程名称：河海大学江宁校区5号留学生楼　　　调查日期：2015年6月16日

工程地点：南京江宁区佛城西路　　　设计单位：北京中元工程设计顾问有限公司

施工单位：南通四建集团有限公司

5号留学生楼混凝土裂缝调查表　　　　　　　　　　　　　　　　表B.1

建造时间		2015.5.22	建筑面积	30438.85m²	结构类型	框架-剪力墙	混凝土设计标号	C30
裂缝参数		裂缝部位	裂缝数	裂缝宽度	裂缝长度		裂缝深度	
基础	墙面							
	地面							
	柱							
	梁							
主体	墙面							
	楼面	11层1-2轴/c-d轴（跨中）	1	0.1~0.2mm	2m		贯通	
	柱							
	梁							
屋面								

调查人：陶华　　　　　　　　　　　　　　　　　　　　　　　　　填表人：葛明华

说明：1. 裂缝部位注明层次、跨中、边缘等特性。

2. 裂缝数是指该层次的所有裂缝总数。

3. 裂缝宽度分0.01~0.1mm、0.1~0.2mm、0.2mm以上三种。

4. 裂缝长度为每种宽度大的裂缝的长度。

5. 各裂缝要附照片，拍照片前，需要贴上部位的名称（图B.1~图B.4）。

6. 提供相关的建筑和结构设计图纸的电子版。

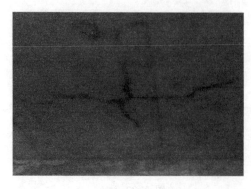

图B.1

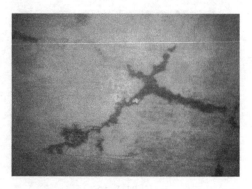

图B.2

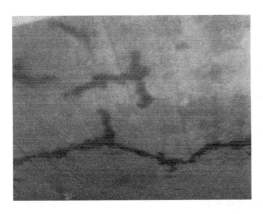

图 B. 3

图 B. 4

附录C 翰益同城国际住宅楼11号楼
混凝土裂缝调查

工程名称：翰益同城国际住宅楼11号楼　　　　调查日期：2015年6月5日
工程地点：新疆乌市西环北路　　　　　　　　设计单位：新疆西域建筑勘察设计研究院
施工单位：南通四建集团有限公司

11号楼混凝土裂缝调查表　　　　　　　　表C.1

建造时间		2013.10	建筑面积	35208m²	结构类型	砖混	混凝土设计标号	C30
裂缝参数		裂缝部位	裂缝数	裂缝宽度		裂缝长度		裂缝深度
基础	墙面							
	地面							
	柱							
	梁							
主体	墙面	二层、跨中	1	0.01～0.1mm		330mm		6mm
	楼面	五层、边缘	1	0.1～0.2mm		720mm		7mm
	柱							
	梁							
屋面								

调查人：严宝华、赵炳成、田琦　　　　　　　　　　　　　　　　　填表人：田琦

说明：1. 裂缝部位注明层次、跨中、边缘等特性。

　　　2. 裂缝数是指该层次的所有裂缝总数。

　　　3. 裂缝宽度分0.01～0.1mm、0.1～0.2mm、0.2mm以上三种。

　　　4. 裂缝长度为每种宽度大的裂缝的长度。

　　　5. 各裂缝要附照片，拍照片前，需要贴上部位的名称（图C.1～图C.8）。

　　　6. 提供相关的建筑和结构设计图纸的电子版。

图C.1

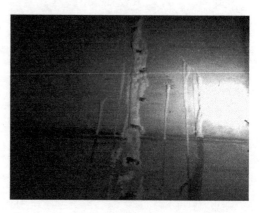

图C.2

图 C.3

图 C.4

图 C.5

图 C.6

图 C.7

图 C.8

参 考 文 献

[1] 建筑工程绿色施工规范：GB/T 50905—2014[S].

[2] 建筑边坡工程技术规范：GB 50330—2013[S].

[3] 樊兆馥．重型设备吊装手册(第2版)[M]．北京：冶金工业出版社，2006.

[4] 卜一德．建筑安全工程师实用手册[M]．北京：中国建筑工业出版社，2006.

[5] 建筑施工手册(第五版)[M]．北京：中国建筑工业出版社，2012.

[6] YB 9082—97 钢骨混凝土结构设计规程[S]．北京：冶金工业出版社，1999.

[7] 唐兴荣．高层建筑转换层结构设计与施工[M]．北京：中国建筑工业出版社，2002.

[8] 高强高性能混凝土委员会．高强混凝土及其应用[M]．北京：清华大学出版社，1998.

[9] 陈肇元等．高强度混凝土及其应用[M]．北京：清华大学出版社，1992.

[10] 彭圣浩．建筑工程质量通病防治手册(第四版)[M]．北京：中国建筑工业出版社，2014.

[11] 中国建筑业协会．创建鲁班奖工程实施指南[M]．北京：中国建筑工业出版社，2011.